Think Green!
Love Lohas!

자연과 사람을 공경하는
당신이 아름답습니다!

인간과 지구는 함께 살아가는 동반자입니다.
살림로하스는 개인의 건강뿐만 아니라 사회의 건강, 자연의 건강을 추구합니다.
잘 먹고 잘 사는 웰빙을 넘어 인류와 지구를 생각하는 작지만 큰 실천을 담고 있습니다.
지구도 살고 인간도 사는 로하스 라이프!
작은 습관의 변화가 큰 변화를 만들어 냅니다.

| 일러두기 |

1. 먹을거리의 기본은 맛입니다. 몸에 좋은 먹을거리도 맛이 있어야 즐겁습니다.
   살림로하스는 좋은 재료 그 자체의 맛을 살리는 최소한의 레시피로 건강한 맛을 추구합니다.

2. 모든 먹을거리는 믿을 수 있는 재료로 만든 건강한 요리여야 합니다.
   살림로하스의 모든 레시피에는 몸에 좋지 않은 것은 아무것도 넣지 않아 걱정 없이 즐길 수 있습니다.

3. 요리는 즐거워야 합니다. 레시피에 얽매이다 보면 요리가 어렵게 느껴집니다.
   재료 중 준비하기 어려운 것은 비슷한 맛이 나는 것으로 대체하거나 넣지 않아도 괜찮습니다.
   좋아하는 재료를 더 넣어도 좋습니다. 살림로하스의 레시피를 가이드라인으로 삼아
   자기만의 요리 스타일을 살려 보세요. 단 요리 초보자라면 처음에는 레시피대로 하는 것이 좋습니다.

4. 이 책의 요리 재료는 모두 2인분을 기준으로 만들었습니다.

지방은 덜고 면역력 높이는

올리브오일 자연상차림 40가지

김영빈

살림Life

에코人과 함께 만든 책!
먼저 읽어 봤어요!

조미란 | 서울시 강동구 성내동

이 책은 올리브오일의 장점과 함께 올리브오일을 활용한 다양한 건강식을 여러 가지 요리법으로 설명해 줍니다. 올리브오일을 여러 요리에 적절하게 쓰는 법을 몰라 궁금했던 분이라면 많은 도움이 될 것 같네요. 올리브오일이 들어간 서양식 요리를 하기엔 엄두가 나지 않아 고민하는 초보들에게도 부담 없이 다가갈 거라고 생각합니다. 제과 부분이 있는 것도 상당히 흥미롭네요. 요즘 버터를 사용하지 않는 제빵이 인기를 끌고 있는데, 빵과 올리브오일이 짝을 이뤄 하나의 파트너가 된 것 같습니다.

권혜련 | 서울시 송파구 풍납1동

올리브오일을 이용한 맛있고 건강한 밥상 만들기를 알려 줍니다. 올리브오일을 거의 식용유 정도로만 활용한다면 이 책이 정말 유용할 거예요. 저도 이 책을 따라 여러 요리에 도전해 보려고 하는데, 특히 올리브오일로 차리는 한식밥상을 따로 짚어준 것도 새로운 느낌이 들었답니다. 전통 한식과 외국 기름인 올리브오일이 잘 안 어울리는 조합이라 생각했던 분이라면 이 책을 보고 인식이 싹 바뀌지 않을까요?

이금숙 | 경기도 부천시 소사구

아련한 풀냄새가 느껴지는 올리브오일의 장점을 살려 요리를 하고 싶었는데 마침 이 원고를 보게 되어 많이 도움이 되었답니다. 다른 곳에서 간과되곤 하는 건강 샐러드 부분이 한 챕터로 크게 소개되어 참 반갑네요. 올리브오일의 향을 그대로 느낄 수 있고 요리법도 어렵지 않은 샐러드부터 정성이 담긴 일품요리까지, 초보와 고수를 두루 아우르는 구성도 만족스럽습니다.

※ 「살림로하스」 원고 모니터링에 참여해 주신 한살림, 파주두레생협, 마포두레생협 조합원 100분께 감사드립니다.

4

건강한 한 방울, 가볍게 한 스푼 올리브오일로 건강하게

바삭바삭 소리를 내며 입 안에서 부서지는 고소한 튀김의 유혹. 비만 내리면 사정없이 온몸의 신경세포를 마비시키는 지글지글 부침개. 모두 고소한 식용유가 없다면 불가능한 유혹입니다. 어린 시절만 해도 명절이면 뒷방 가득 식용유와 설탕, 밀가루들이 선물로 들어오곤 했지만 시절이 변해 요즘의 식용유는 비만과 트랜스지방의 온상으로 외면 받고 있습니다. 굳이 식용유가 아니더라도 지방이라는 성분 자체가 인류의 적으로 간주된 지 오래입니다.

하지만 지방은 단백질, 탄수화물과 함께 우리 몸에 꼭 필요한 필수영양소입니다. 영양 과잉이나 비만 환자, 각종 성인병 환자가 아니라면 지방은 우리 몸을 활동시키고 구성하는 중요한 영양 성분이 됩니다. 물론 마블링을 자랑하는 붉은색 육류, 운동도 하지 않는 젖소에서 뽑아낸 유제품의 포화지방, 인스턴트 식품이나 패스트푸드에 사용되는 트랜스지방, 약품처리를 하여 맑고 고소한 맛을 극대화시킨 정제지방 등은 지양해야겠지요.

건강한 지방 섭취를 위해서는 이런 식품들의 사용을 제한하고 참기름과 들기름, 올리브오일과 같이 압착해 정제하지 않은 색깔 있는 식물성 기름을 사용하는 것이 좋습니다. 특히 불포화지방산이 풍부한 식물성 압착유인 올리브오일은 콜레스테롤 수치를 낮추고 성인병을 예방하지요.

올리브오일이 건강 오일로 더욱 주목을 받는 이유는 제조 방법에 있습니다. 콩기름이나 옥수수유, 카놀라유 등은 재료에 약품처리를 하여 추출하는데 이때 들어가는 약품 성분이 추출된 기름에 남아 암이나 각종 질병을 유발하는 것으로 알려져 있습니다. 또 콩이나 옥수수, 유채 자체의 안정성도 검증이 되지 않았지요. 하지만 올리브오일은 지중해 지역에서 건강하게 자란 올리브를 채취해 그런 위험이 적답니다.

또 일반적인 정제유들은 고온에서 정제 과정을 거치는 동안 트랜스지방이 생성되어 고혈압이나 심혈관계 질환의 원인으로 작용하지만 올리브오일은 저온압착법으로 얻어지기 때문에 산패의 위험이 낮고 트랜스지방이 생성되지 않으며 정제과정에서 첨가되는 각종 약품의 위험으로부터 안전합니다.

올리브오일은 체내에 지방이 축적되는 것을 막고 분해를 도와 다이어트에 도움을 주며 암에 대한 저항력을 높여 줍니다. 요리뿐만 아니라 클렌징오일이나 마사지오일로도 사용이 가능하지요. 혹시 선물로 받거나 사 놓고 쓰지 않는 올리브오일이 있다면 오늘부터 이 책과 함께 가까이 두고 사용하면 어떨까요.

향이 강해 한식에 어울리지 않는다든지, 열에 약하다는데 볶아 먹어도 되는지, 냉장고에 두었더니 하얗게 굳어 버렸는데 버려야 하는지 등의 걱정은 이 책을 대하면서 사라질 것입니다. 올리브오일을 활용한 한식 메뉴와 건강 간식도 소개되어 있으니 다양하게 활용할 수 있습니다. 물론 날씬 샐러드 요리도 빠질 수 없겠지요. 똑똑한 올리브오일을 가까이 한다면 훨씬 건강한 웰빙 밥상을 차릴 수 있을 겁니다.

김 영 빈

한눈에 보는 레시피

CHAPTER 04

올리브오일로 만든
온 가족 별미 일품요리

Lohas Shop | (사)EM환경센타
자연을 살리고 생명을 살리는 미생물의 기적 094

CHAPTER 05

트랜스지방 걱정 없는
올리브오일 건강 간식

CHAPTER 01

맛있는 건강 지킴이, 올리브오일

포화지방산에 트랜스지방까지 조심할 것이 많은 지방.
현명하게 지방 섭취를 할 수 있는 방법으로 올리브오일이 각광받고 있다.
올리브오일은 불포화지방산이 많은 데다
소화흡수율을 높이며, 콜레스테롤 수치를 떨어뜨려
건강에도 좋고 맛과 영양도 풍부하다.

올리브오일 이해하기

전 세계인들의 웰빙 식재료로 사랑받고 있는 건강한 기름, 올리브오일.
건강 엑기스라고 해도 과언이 아닐 정도로 몸에 좋은 올리브오일 한 방울을 만들어 내기까지의 이야기.

올리브 열매에서 짜낸 올리브오일

지중해 지역은 여름철은 고온 건조하고 겨울철은 온난 습윤하기 때문에 잎이 단단한 올리브나무, 코르크나무 등이 잘 자란다. 올리브나무의 열매를 짜 기름으로 만든 올리브오일은 스페인, 이탈리아, 그리스 등에서 오랫동안 식용유로 사용해 왔다. 씨앗에서 얻어지는 기름과는 달리 올리브오일은 과즙에서 수분과 찌꺼기를 빼고 만든다. 올리브는 익기 전에는 연둣빛을 띠고 있다가 익으면 품종에 따라 짙은 녹색이나 검푸른 빛의 보라색을 띤다. 기름을 짤 때는 완숙되기 전의 올리브를 따서 만드는데 현재는 이탈리아, 스페인, 그리스, 터키, 모로코, 포르투갈, 튀니지, 프랑스 등지에서 생산하여 올리브 가공품이나 올리브오일을 만든다.

오랜 역사를 가진 올리브오일

올리브오일은 고대 이집트 시대부터 등장했다. 본격적으로 요리에 사용하기 시작한 것은 그리스 시대부터로 로마 제국은 지중해 지역을 정복할 때마다 올리브나무를 심어 경작했다고 한다. 로마 제국의 영토 확장과 더불어 올리브는 크레타 지방, 남부 유럽, 지중해 연안의 아프리카 지방까지 재배되었다. 고대에 올리브오일은 식용뿐 아니라 특별한 예식용으로도 사용되었는데, 이슬람의 예언자인 모하메드는 자신의 몸에 올리브오일을 발라 정갈하게 했으며 기독교인들도 세례에 올리브오일을 사용했다는 기록이 남아 있다. 지금도 올리브오일은 마사지오일이나 화장품으로 이용되며 식용으로는 광범위하게 사용된다.

압착으로 짜서 건강한 올리브오일

1킬로그램의 올리브오일을 착유하기 위해서는 4~5킬로그램의 올리브가 사용된다. 화학추출법이 아닌 전통적인 압착법을 사용하기 때문이다. 콜드프레싱 공법이라 부르는 압착법은 저온에서 돌로 눌러 납작해진 올리브를 겹겹이 쌓아 기름을 짜내는 방법으로, 올리브오일의 역사만큼 오래된 가공법이다. 저온에서 압착하기 때문에 올리브오일에 가해지는 열이 적어, 추출되는 양은 적어도 최상의 올리브오일을 얻을 수 있다. 원심력을 사용해 기름을 분리하는 현대화된 설비 공장도 등장했으나 아직 전통적인 방법을 고수하는 곳이 많다. 최상의 올리브오일을 얻으려면 늦가을에 수작업으로 열매를 채취하여 공장으로 옮겨 불순물을 세척해야 한다. 여러 단계를 거치는 동안 가장 조심해야 할 것은 올리브 표면에 흠집이나 상처를 내지 않는 것. 표면에 상처가 난 올리브에서는 향이 좋은 올리브오일이 추출되지 않는 데다 올리브오일의 품질을 결정하는 산도 또한 높아지기 때문이다. 조심스럽게 손질된 올리브는 전통 방식으로 압착, 착유하여 15도에서 18도 정도의 건조하고 시원한 창고에서 숙성한 후 판매한다.

🫒 건강과 평화의 상징 올리브나무

우리나라에서는 감람나무로 불렸던 올리브나무는 물푸레나무 과의 상록수로 기원전 8,000년 정도부터 지중해 연안에서 자생했다. 평균 수명이 600년 정도 되는데 지중해 연안에는 수천 년 된 올리브나무도 남아 있다.

구약성서 노아의 방주 이야기에 비둘기가 물어 온 새 올리브 나뭇가지로 대홍수가 끝나고 평화가 찾아 온 것을 확인한 데서 비둘기와 함께 평화의 상징으로도 여겨진다.

올리브오일 한 방울의 건강

올리브오일은 암에 대한 저항력을 높여 주며 성인병을 예방해 준다. 올리브오일에 함유된 비타민 E와 프로비타민은 세포막의 형성을 원활하게 하고 산화를 방지해 주어 황산화 효과가 높다. 알고 먹으면 더 건강한 올리브오일에 대해 파헤쳐 보자.

불포화지방산 올레산과 항산화물질

식물성 지방이 동물성 지방보다 몸에 좋은 이유는 불포화지방산을 많이 함유하고 있기 때문이다. 식물성 지방 중에서도 올리브오일의 불포화지방산은 함유량이 많고 소화흡수율도 높다. 올리브오일은 불포화지방산인 올레산이 제품에 따라 65~80퍼센트나 들어 있다. 올레산은 동맥경화를 일으키는 저밀도 콜레스테롤의 농도를 낮추고 혈관을 깨끗하게 하여 심장질환 예방에도 효과가 있다. 콜레스테롤을 많이 함유한 육류나 새우, 오징어 요리에 올리브오일을 곁들이면 콜레스테롤 수치를 현저하게 떨어뜨릴 수 있다. 또 올리브오일은 간을 보호하는 고밀도 콜레스테롤의 분비를 촉진해 간 기능을 돕고 담석이 생기는 것을 막는다. 실제로 유럽이나 지중해 지역의 물에는 석회질이 많아 담석환자가 많이 발생할 수 있는데 올리브오일을 섭취하는 지역은 담석증의 발병률이 낮다는 통계도 있다. 올리브오일에는 비타민E와 토코페롤, 폴리페놀 같은 항산화 물질과 미량의 필수 미네랄이 풍부하다. 특히 토코페롤과 폴리페놀은 노화를 방지하고 항산화 작용을 하여 성인병을 예방하고 위액 분비를 조절해 소화와 배변을 돕는다.

장수마을의 건강식

크레타 섬 주민들은 유럽에서 지질을 가장 많이 섭취하는 것으로 알려져 있다. 하루 필요 칼로리의 45퍼센트를 지질에서 얻지만 심장병 발병률 및 암 질환 발생률은 손에 꼽힐 정도로 낮다. 섬 주민들은 섭취하는 지방의 90퍼센트 이상을 올리브오일이나 아몬드, 생선 등에서 얻는데, 그 중 올리브오일에서 얻는 지방이 72퍼센트 이상이라고 한다. 이 연구 결과를 토대로 지중해 식단의 붐이 일기도 했다. 지중해 식단은 올리브오일을 듬뿍 뿌린 샐러드와 파스타, 과일과 포도주를 즐기는 식사법. 채소나 과일, 견과류, 치즈 등은 자주 섭취하고 생선이나 해물은 일주일에 한두 번, 육류는 한 달에 한 번 정도 섭취하는 것을 기본으로 하는데 성인에게 필요한 지방 성분은 올리브오일에서 얻기 때문에 육류를 자주 섭취하지 않아도 충분하다. 올리브오일이 건강에 좋다는 연구 결과는 계속 발표되고 있다. 올리브오일은 지방의 분해를 도와 다이어트에 도움을 주며 구성 성분인 올레산이 암에 대한 저항력을 높여 준다는 연구 결과도 있다. 올리브오일과 녹황색 채소, 과일을 많이 먹으면 유방암에 걸릴 확률이 줄고, 골밀도를 높이는 데 효과가 있다고 알려져 있다.

올리브오일의 종류

상처가 많거나 산지에서 수확 후 보관 · 유통 기간이 길어져 산화된 올리브로 짜낸 올리브오일은 산도가 높아
품질이 떨어진다. 올리브오일은 짜낸 단계와 산도에 따라 등급이 나뉘는데 산도가 높고 착유 과정이 길수록
오일의 향과 순도가 떨어지므로 산도와 착유 방법을 잘 살펴야 좋은 오일을 고를 수 있다.

<table>
<tr><td>엑스트라 버진
올리브오일
Extra Virgin Olive Oil</td><td>올리브오일 중 최상위 등급으로 전체 올리브오일 생산량의 10퍼센트 정도만 이 등급을 받는다. 첫 번째 압착한 기름으로 열을 가하거나 정제를 하지 않아 맛과 향이 살아있고 색은 연두색에서 짙은 초록까지 다양하며 산도는 1퍼센트 미만이다. 입에 머금어 보면 싸한 맛과 함께 후추 같은 향이 난다. 향이 좋으니 열을 가하는 조리법보다는 샐러드 드레싱이나 애피타이저, 빵을 찍어 먹는 소스 등에 사용하는 것이 좋다. 발연점이 180도로 낮아서 타기 쉽고, 그 이상으로 가열했을 경우 트랜스지방인 엘라이드산이 생겨 체온에서 녹지 않으므로 주의한다.</td></tr>
<tr><td>파인 버진
올리브오일
Fine Virgin Olive Oil</td><td>제조 방법은 엑스트라 버진 올리브오일과 같지만 자연 산도가 1.5퍼센트 미만이다. 엑스트라 버진 올리브오일보다 맛과 향이 떨어져 한 등급 낮다. 엑스트라 버진 올리브오일이 없을 경우 대용으로 쓸 수 있으며 날것으로 먹기에도 나쁘지 않다.</td></tr>
<tr><td>버진
올리브오일
Virgin Olive Oil</td><td>엑스트라 버진이나 파인 버진에 비해 품질이 떨어지는 올리브로 짠 것이며 산도가 2퍼센트 정도로 높다. 그러나 고온 · 화학 처리한 오일이 아니므로 올리브오일 특유의 맛과 향은 살아 있다.</td></tr>
<tr><td>퓨어
올리브오일
Pure Olive Oil</td><td>정제한 올리브오일과 압착한 버진 올리브오일을 8 대 2로 혼합한 것이다. 산도는 1.5퍼센트 이하인데 자연 산도가 아니라 인위적으로 낮춘 가공 산도이다. 맛과 향이 없고 잘 산화하지 않으며 가열해도 맛이 변하지 않아 식용유 대체용으로 쓰이는데 주로 튀김 요리용으로 사용된다. 날것으로 먹기에는 좋지 않다.</td></tr>
<tr><td>리파인
올리브오일
Refined Olive Oil</td><td>두 번째 짜낸 자연 산도가 3.3퍼센트를 초과한 버진 올리브오일을 정제 처리하여 생산한다. 정제과정에서 고온 · 화학 처리되어 맛과 향, 색깔이 거의 없다. 공업용 또는 퓨어 올리브오일에 첨가되어 사용된다.</td></tr>
</table>

등급별 올리브오일 이용법

보통 시중에서 구할 수 있는 것은 엑스트라 버진과 퓨어 등급인데 엑스트라 버진은 일반 식용유의 대체 사용뿐 아니라 날것으로도 먹어 올리브오일 특유의 영양소들을 고스란히 섭취할 수 있다. 고온이 아니라면 가열 조리해도 된다. 퓨어 오일은 날것으로 먹기보다는 튀김이나 부침용으로 사용하기에 더 적합하다.

올리브오일의 선택과 보관

등급뿐만 아니라 브랜드도 다양해 선택하기 쉽지 않은 올리브오일.
선택 요령을 알면 오히려 고르는 재미가 있다. 올리브오일은 다른 기름에 비해 잘 산패되지 않아 서늘한 곳에서
유리병에 담아 보관하면 오래 두고 쓸 수도 있다.

등급 | 올리브오일의 품질은 등급과 산도로 어느 정도 파악할 수 있다. 건강식으로 올리브오일을 생각한다면 엑스트라 버진을 사용한다.

산도 | 산도가 표시된 제품을 선택한다. 산도가 1퍼센트 미만이면 엑스트라 버진이지만 산도 0.1퍼센트 이하의 최상품도 시판되고 있다.

색깔 | 엑스트라 버진이 퓨어보다 색깔이 더 짙긴 하지만 올리브 품종에 따라 색깔이 다를 수도 있으므로 색깔로 품질을 가늠하기는 어렵다.

용기 | 올리브오일을 플라스틱 계열의 용기에 담았을 경우 유해성분이 기름에 흡수되므로 플라스틱 용기에 담아 파는 올리브오일은 구입하지 않도록 한다. 올리브오일의 원산지인 지중해 연안 국가에서는 올리브오일로 만든 음식도 플라스틱 용기에 담는 것을 꺼린다. 게다가 수입 원유를 국내에서 플라스틱 병으로 소분하는 과정에서 한 번 더 고온의 정제과정을 거치므로 유리병째로 수입되는 제품이, 이왕이면 색깔이 짙은 유리병에 담아 빛을 차단한 제품이 좋다.

향 | 좋은 올리브오일에서는 풀과 과일 냄새를 느낄 수 있다. 정제한 올리브오일에는 향이 거의 없다.

맛 | 살짝 맛을 봐서 알싸한 후추 맛이나 과일 맛이 느껴진다면 좋은 올리브오일이다. 취향에 따라 알싸한 맛이 강한 것이나 덜한 것을 선택하면 된다.

공장보다 농장 | 대규모로 생산되는 회사 브랜드보다 농장에서 소규모로 생산하는 올리브오일이 신선한 올리브로 만들었거나 전통 제조법을 따랐을 가능성이 크다.

보관 | 올리브오일은 다른 식물성 기름과 달리 천연 항산화제가 파괴되지 않고 계속 남아 있어 쉽게 산패되지 않는다. 공기와 습도, 열에 비교적 영양을 덜 받기 때문에 건조하고 시원한 곳, 어두운 곳에 보관하면 실온에서 1년 반 정도 보관이 가능하다. 장기 보관하려고 냉장고에 넣어 두면 색이 탁해지면서 굳어 버리는데 실온에 놓아두면 다시 원래 상태로 돌아가지만 투명한 느낌이 없어지고 탁해질 수도 있다. 너무 고온 다습하지 않다면 실온에서 보관하는 것이 좋다. 여름철에 걱정이 된다면 냉장 보관했다가 사용하기 전에 꺼내 놓았다 사용하면 된다.

올리브오일 100퍼센트 활용하기

올리브오일이 건강에 좋다는 것은 잘 알지만 특유의 향과 맛 때문에 꺼리는 사람들이 있다.
이럴 때는 여러 가지 향 채소나 허브를 넣고 자신만의 키친오일로 만들어 사용하면 좋다.
마늘이나 고추를 넣어 두면 한식 요리에도 부담 없이 사용할 수 있다.

마늘올리브오일

재료 | 엑스트라 버진 올리브오일 1컵, 마늘 5톨, 통후추 1/2작은술

쓰임 | 물기가 없는 병에 깐 마늘을 저며 넣거나 으깨어 넣고 통후추를 넣은 후 올리브오일을 부어 2주 정도 숙성시켜 사용한다.

고추올리브오일

재료 | 엑스트라 버진 올리브오일 1컵, 홍고추 2개, 마늘 1톨, 통후추 1/2작은술

쓰임 | 물기가 없는 병에 물기 없이 손질한 홍고추를 두껍게 썰어 넣고 통후추와 으깬 마늘을 넣은 후 올리브오일을 부어 2주 정도 숙성시켜 사용한다. 마른 고추를 사용하여도 좋다.

대파올리브오일

재료 | 엑스트라 버진 올리브오일 1컵, 대파 1대, 마늘 1톨, 통후추 1/2작은술, 마른 고추 1/4개

쓰임 | 대파는 물기 없이 손질한 후 송송 썰고 마늘은 으깨고 마른 고추는 송송 자른다. 팬에 올리브오일을 약간 두르고 대파와 마늘, 마른 고추, 통후추를 볶아 향을 낸 후 나머지 올리브오일을 붓는다. 160도가 넘지 않게 가열 한 후 체에 걸러 사용한다.

올리브오일마요네즈

재료 | 엑스트라 버진 올리브오일 1컵, 달걀노른자 1개, 설탕 1작은술, 소금 1/2작은술, 화이트와인 1작은술, 레몬즙 2작은술, 양겨자 1작은술, 흰 후추 약간

쓰임 | 볼에 달걀노른자를 깨뜨린 후 올리브오일을 조금씩 넣어가며 젓는다. 뻑뻑한 느낌이 들기 시작하면 설탕, 소금을 넣고 잘 젓는다. 시판 마요네즈와 비슷한 농도가 되면 화이트와인, 레몬즙, 양겨자, 흰 후추를 넣고 분리가 일어나지 않게 젓는다.

생강올리브오일

재료 | 엑스트라 버진 올리브오일 1컵, 생강 반 톨, 통후추 1/2작은술

쓰임 | 물기가 없는 병에 생강을 얇게 저며 넣고 통후추를 넣은 후 올리브오일을 부어 1주 정도 숙성시켜 사용한다.

허브올리브오일

재료 | 엑스트라 버진 올리브오일 1컵, 각종 허브 2줄기, 통후추 1/2작은술, 마늘 1톨, 마른 고추 1/4개

쓰임 | 물기 없는 병에 손질한 허브와 으깬 마늘, 송송 썬 마른 고추, 통후추를 넣고 올리브오일을 부어 2주 정도 숙성시켜 사용한다. 한식에 쓰려면 로즈마리나 타임 등이 잘 어울린다.

치즈올리브오일절임

재료 | 모차렐라 치즈 등 각종 치즈, 엑스트라 버진 올리브오일 적당량

쓰임 | 먹다 남은 치즈를 올리브오일에 재워 두면 부드러운 치즈의 감촉이 한층 살아나고 맛이 더 고소해진다. 모차렐라나 브리, 카망베르 같은 부드러운 질감의 치즈가 재워 두기 좋은데 꺼내서 요리에 사용하거나 샐러드에 다져 넣어도 된다.

채소올리브오일절임

재료 | 각종 채소, 엑스트라 버진 올리브오일 적당량, 소금 약간, 통후추 약간, 허브 약간

쓰임 | 브로콜리나 레몬, 토마토, 아삭이고추 등을 먹기 좋게 잘라 소금을 조금 넣고 살짝 데친 뒤 올리브오일을 담은 병에 넣어 보관하는데, 통후추나 허브 등을 같이 넣으면 좋다. 술안주나 샐러드드레싱, 소스 등 다양한 용도로 활용할 수 있다. 또 올리브 통조림의 물을 따라 버리고 대신 올리브오일을 채운 뒤 레몬즙을 첨가해 보관하면 올리브의 향이 살아나 각종 요리에 사용하기 좋다.

생활 속 올리브오일 활용법

올리브오일은 요리 말고도 피부 미용이나 헤어 케어, 발 마사지 등 생활 속 곳곳에서 다양하게 활용할 수 있다.
생활을 더욱 풍요롭게 하는 올리브오일 활용법을 알아보자.

올리브오일 다이어트

올리브오일은 첨가물 없이 저온으로 짜낸 순 식물성 지방
으로 비타민A와 D가 풍부하고 젊음의 비타민이라 불리는
비타민E도 다량 들어 있다. 꾸준히 섭취하면 장의 연동운
동을 촉진시켜 변비를 해소, 다이어트에 도움을 준다. 하
지만 그램당 9킬로칼로리를 낸다는 지방의 칼로리 원칙은
불변이어서 많이 먹는다고 다이어트에 도움이 되는 것은
아니다. 칼로리가 소모되어 살이 빠지는 것이 아니라 장의
연동 운동을 촉진시키는 작용을 한다는 것을 생각해서 섭
취량에 주의하도록 한다.

헤어 케어

올리브오일과 달걀노른자, 김빠진 맥주를 섞어 머리카락
에 마사지하고 10분 정도 후에 씻어 내면 촉촉한 머릿결
을 유지할 수 있다. 세정력이 뛰어나서 두피에 남아 있는
찌꺼기와 기름때를 말끔하게 씻어 주므로 기름이 금방
생겨 머리가 달라붙는 사람들이 사용하면 좋다. 샴푸 후
헹구는 물에 올리브오일을 1큰술 정도 넣고 머리를 헹군
뒤 다시 미지근한 물로 헹구어 내면 린스의 효과도 낼 수
있다.

아로마 마사지

여러 가지 아로마 오일은 효능별로 몸에 바르거나 섭취하면 부작용 없이 잔병을 치료할 수 있고 피로회복에도 효과가 있다. 농축된 것이기 때문에 소량만 사용하거나 다른 오일에 희석하여 사용하는데 엑스트라 버진 올리브오일을 사용하면 좋다. 올리브오일에 약간의 로즈마리오일을 섞어 마사지하면 피로회복과 집중력 향상에 도움을 주며 캐모마일오일과 섞어 마사지하면 불면증 해소에 효과가 있다. 아로마 오일은 잘 휘발되므로 조금씩 만들어 사용한다.

피부 미용

올리브오일은 오래전부터 피부 미용의 재료로 사용되어 왔다. 세정력이 뛰어나 화장 후 클렌징오일 대신 발라서 닦아 내면 모공 속까지 깨끗하게 세정이 되어 매끄럽고 잡티 없는 피부를 얻을 수 있다. 샤워 후 물기가 남아 있을 때 온몸에 바르면 피부가 한결 매끄럽고 부드러워진다. 여러 가지 과일즙을 섞어 얼굴 마사지를 해도 탄력 있는 피부를 얻을 수 있다. 건조한 정도가 심하다면 아보카도오일과 혼합하여 꾸준히 마사지하자. 레몬즙과 섞어 마사지하면 잔주름을 개선하는 데 효과가 있다. 겨울철 입술이 텄을 때도 올리브오일을 바르고 랩으로 잠깐 감싸 두면 촉촉한 입술로 회복할 수 있다. 피부에 바르는 오일은 반드시 엑스트라 버진 오일로 한다.

그 밖에

- 술을 마시기 전이나 마실 때 올리브오일을 2큰술 정도 먹으면 숙취를 해소할 수 있다.
- 올리브오일로 발 마사지를 하면 각질이 생기고 갈라지는 발을 깨끗하게 해 준다.
- 여름철 피서지에서 햇빛에 노출되어 따갑고 화끈거리는 가벼운 화상을 입었을 때는 올리브오일로 닦아 낸다. 올리브오일은 피부 살균, 진정 효과가 뛰어나다.
- 배변 후 아프고 쓰린 아기 엉덩이나 가벼운 기저귀 발진에도 올리브오일 마사지를 하면 증상이 완화된다. 깨끗이 씻긴 뒤 엉덩이나 발진 부위에 올리브오일을 살살 바른다. 아토피 증상도 올리브오일 마사지로 완화되는 효과를 볼 수 있다.

올리브오일로 한식밥상 건강하게 차리기

올리브오일은 서양의 재료여서 우리 음식에는 어울리지 않을 것 같지만,
식탁에 자주 오르는 무침, 찜, 볶음, 구이를 올리브오일로 요리하면
담백하고 깔끔한 맛을 살리고 건강도 챙길 수 있다.

나물비빔밥

하루에 필요한 채소 섭취량 300~350그램을 샐러드나 생채소로 섭취하려면 부피가 부담스럽지만
삶거나 데쳐서 나물로 조리하면 부피가 4분의 1로 줄어 가볍게 먹을 수 있다.
열로 인한 비타민C의 손실은 약간 있지만 섭취량이 늘어나니 얻는 것이 더 많다.

재료

불린 표고버섯	3개
애느타리버섯	1줌
콩나물	1줌
애호박	1/4개
당근	1/4개
달걀	2개
엑스트라 버진 올리브오일	2큰술
다진 마늘	2작은술
밥	2공기
소금	약간
깨소금	약간
후추	약간

볶음 고추장

┌ 고추장	2큰술
다진 양파	1큰술
다진 마늘	1작은술
설탕	1큰술
다시마물	1큰술
청주	1큰술
엑스트라 버진 올리브오일	1큰술
└ 통깨	약간

1 팬에 분량의 볶음 고추장 재료를 넣어 되직하게 볶는다.

2 표고버섯은 곱게 채 썰고 애느타리버섯은 밑동을 자르고 가닥을 나눈다.

3 콩나물을 다듬어 끓는 물에 데치고 애호박, 당근은 돌려 깎은 후 채 썬다.

4 달군 팬에 올리브오일을 두르고 다진 마늘을 볶아 향을 낸 후 콩나물을 넣고 소금, 후추, 깨소금으로 간하여 볶아 낸다. 애느타리버섯, 애호박, 당근, 표고버섯 순으로 다른 채소들도 하나씩 볶아 낸다.

5 달걀은 황, 백으로 나누어 지단을 부친 후 곱게 채 썬다.

6 그릇에 밥을 담고 나물을 돌려 얹고 지단도 올린 다음 볶음 고추장을 곁들여 낸다.

고소한 볶음 고추장

볶음 고추장을 볶은 후 팬에 두면 남은 잔열로 되직해지니 적당한 농도로 볶이면 바로 팬에서 덜어 낸다. 다진 땅콩이나 호두 등을 섞으면 고소한 맛을 더할 수 있다.

1 우엉은 껍질을 벗겨 5센티미터 정도로 자른 뒤 곱게 채 썬다.

2 피망, 양파, 당근도 우엉과 비슷한 크기로 채 썬다.

3 표고버섯은 곱게 채 썰어 분량의 양념장에 재워 둔다.

4 달군 팬에 올리브오일을 두르고 다진 마늘을 볶아 향을 낸 후 우엉, 당근,
   양파, 피망 순으로 넣고 소금과 설탕으로 간하여 볶는다.

5 채소에 간이 배면 표고버섯을 넣고 마저 볶아 통깨를 뿌려 낸다.

재료

우엉	1대
청피망	1/2개
홍피망	1/4개
양파	1/4개
당근	1/6개
불린 표고버섯	3장
엑스트라 버진 올리브오일	2큰술
다진 마늘	2작은술
소금	약간
설탕	약간
통깨	약간

표고버섯 양념

간장	1큰술
설탕	1/2큰술
참기름	약간
후추	약간
깨소금	약간

채소 볶는 순서

채소를 볶을 때는 단단해서 잘 익지 않고 간이 늦게 배는 채소부터 시작해, 쉽게 익고 색이 잘 변하는 것을 마지막에 넣고 볶는다. 채소의 아삭한 질감을 살리려면 센 불에서 단시간에 조리하는 것이 좋다.

우엉채소잡채

여러 가지 채소를 넣고 볶거나 무치는 잡채는 재료를 두루 사용해서 고른 영양을 섭취할 수 있다.
모든 재료를 같은 크기로 손질해야 간이 고르게 배고 씹는 질감도 좋다.

파래김자반볶음

파래김자반은 파래와 김을 섞어 말린 해조류로 물에 불려 무쳐 먹거나 볶아 먹기에 좋은 식재료이다.
해조류는 미네랄과 비타민, 알긴산 등이 풍부해서 노폐물의 배출과 몸속 정화를 돕고 비만과 성인병을
예방한다.

재료

파래김자반 ·················2줌
쪽파 ·····················2대
엑스트라 버진 올리브오일 ···6큰술
통깨 ····················1작은술

볶음 양념

┌ 설탕 ···················2큰술
│ 조청 ···················1큰술
└ 소금 ····················약간

1 파래김자반을 준비해 잡티를 없앤 뒤 손으로 잘게 뜯는다.
2 쪽파는 깨끗이 씻어 송송 썬다.
3 깊은 팬에 올리브오일을 두르고, 약한 불에서부터 파래김자반을 볶는다.
4 파래김자반이 바삭하게 볶이면 볶음 양념을 넣고 잘 섞은 후 불에서 내린다.
5 쪽파와 통깨를 넣고 버무려 낸다.

파래는 타지 않게

양념을 넣은 후에 파래를 너무 오래 볶으면 탄내가 난다. 양념을 넣기 전 파란색이 잘 올라오도록 충분히 볶은 후 양념을 넣고는 재빨리 버무려 낸다. 식은 후에 통깨를 뿌리면 잘 붙지 않으므로 적당한 온기가 있을 때 통깨를 뿌린다.

1 가래떡은 6센티미터 길이로 자르고 길게 4~6등분해서 끓는 물에 부드럽
　게 데친 후 밑간 양념으로 무쳐 둔다.
2 표고버섯, 새송이버섯, 당근, 양파는 5센티미터 길이로 채 썬다.
3 애느타리버섯은 밑동을 잘라 내고 가닥을 나누고, 쪽파는 5센티미터 길이
　로 자른다.
4 팬에 올리브오일을 두르고 다진 마늘을 볶아 향을 낸 후 표고버섯과 양파
　를 충분히 볶는다.
5 표고버섯이 노릇하게 볶이면 새송이버섯과 애느타리버섯, 당근, 쪽파 순으
　로 넣고 소금, 후추로 간을 하여 볶는다.
6 재료가 어우러지면 떡을 넣고 볶은 후 잣가루를 뿌려 낸다.

재료

가래떡 ·······················2줄
불린 표고버섯 ···············2장
새송이버섯 ··················1개
당근 ······················1/6개
양파 ······················1/4개
애느타리버섯 ················1줌
쪽파 ·······················4대
엑스트라 버진 올리브오일 ····2큰술
다진 마늘 ···················1큰술
잣가루 ·····················약간
소금 ·······················약간
후추 ·······················약간

떡 밑간

간장 ······················1작은술
엑스트라 버진 올리브오일 ··1작은술
깨소금 ·····················약간

🥢 가래떡은 말랑말랑하게

가래떡을 부드럽게 데쳐 밑간을 충분히 한 후 넣어야 떡이 빨리 굳지 않는다. 떡의 전처리가 부족해 볶기 전에 굳었다면 떡
과 함께 다시마물을 2~3큰술 넣고 볶으면 떡이 말랑하게 익는다.

버섯떡볶음

버섯은 베타클루칸이라는 다당류로 구성되어 면역력을 활성화시키고 암세포의 성장을 억제한다.
또 풍부한 식이섬유로 변비를 예방하고 체내 노폐물과 콜레스테롤을 배출시켜 당뇨나 각종 성인병
예방에 효과적이다.

된장채소구이

가지나 애호박은 지용성 영양분이 풍부하여 기름을 써서 조리하면 영양흡수율이 더욱 높아진다.
몸에 좋은 올리브오일과 함께 섭취하면 콜레스테롤 수치가 높아지는 것을 막고 항산화효과를 높일 수
있다.

1 분량의 재료로 된장 양념을 섞어 약한 불에서 되직하게 조린다.
2 가지와 애호박은 1센티미터 두께로 어슷하게 썰어 잔 칼집을 넣고 쪽파는 송송 썬다.
3 팬에 올리브오일을 넉넉히 두르고 가지와 애호박을 노릇하게 굽는다.
4 따뜻한 가지와 애호박에 된장 양념을 바르고 쪽파를 뿌려 낸다.

🥄 노릇하게 구운 채소

가지와 애호박이 기름을 충분히 흡수하여 노릇한 색이 나야 고소한 맛이 나므로 충분히 시간을 두고 노릇하게 익혀 낸다. 된장 양념은 미리 하면 채소가 익기도 전에 타 버리므로 채소가 익고 난 후 따뜻할 때 발라서 내거나 한쪽 면이 다 익은 후 뒤집어 양념을 발라 굽는다.

1 양파는 곱게 채 썰어 찬물에 담가 둔다.

2 감자는 껍질을 벗기고 2/3는 강판에 갈고 1/3은 곱게 채 썰어 1의 물에 10분 정도 담가 둔다.

3 감자와 양파를 건져 면포에 밭친 후 살짝 짜 물기를 제거한다.

4 3의 건더기에 분량의 반죽 양념 재료와 송송 썬 쪽파를 넣고 반죽한 후 올리브오일을 두른 팬에 노릇하게 굽는다.

5 분량의 재료로 초간장을 만들어 곁들여 낸다.

감자전 하얗게 구우려면

감자를 갈면 공기와 닿는 면적이 넓어져 갈변이 심해지고 감자전의 색깔이 거무스름해진다. 간 감자를 채 썬 양파 담근 물에 담가 두면 양파가 효소의 작용을 억제하여 감자의 갈변을 막고 감자전을 하얗게 부칠 수 있다.

재료

양파	1/2개
감자	2개
쪽파	3대
엑스트라 버진 올리브오일	5큰술

반죽 양념

밀가루	1/2컵
소금	약간
흰 후추	약간
엑스트라 버진 올리브오일	1/2작은술
물	2~3큰술

초간장

간장	4작은술
물	4작은술
식초	1작은술
설탕	1작은술

감자양파전

감자의 아트로핀 성분은 통증을 완화시키고 위산 분비를 억제하여
가벼운 위궤양이나 위장병 치료에 효과가 있다.
양파와 곁들여 먹으면 양파의 알리신 성분이 감자의 비타민B군의 흡수를 활성화시켜 준다.

부추겉절이

부추의 알리신 성분은 체내에 흡수되어 강장 효과를 내고 비타민B군을 활성화시켜
신진대사를 활발하게 한다. 또 부추에는 풍부한 비타민A와 C, 셀레늄 성분이 들어 있고
녹색 혈액이라 불리는 엽록소도 풍부하다.

1 부추는 잘 씻어 4~5센티미터 길이로 썬다.

2 깻잎과 오이는 채 썰어 물에 담갔다 건지고,
   고추는 4센티미터 길이로 채 썬다.

3 분량의 재료로 생채 양념을 만들어 차게 둔다.

4 볼에 채소를 고루 섞어 담고 양념에 버무려 낸다.

부추는 풋내 안 나게 손질

부추를 손질할 때 조심하지 않으면 풋내가 나서 먹기가 곤란하다. 밑동을 물
에 담가 흙이나 이물질이 불어서 떨어지면 흐르는 물에 살살 흔들어 씻은 후
잘라야 잎이 상하지 않아 풋내가 나지 않게 조리할 수 있다.

재료

부추 ·······················1줌
깻잎 ·······················10장
오이 ·······················1개
풋고추 ·····················1개
붉은 고추 ···················1개

생채 양념

┌ 간장 ·····················2큰술
│ 물 ·······················1큰술
│ 설탕 ·····················1큰술
│ 식초 ·····················2큰술
│ 레몬즙 ···················1큰술
│ 통깨 ·····················1/2큰술
│ 고춧가루 ·················1큰술
└ 엑스트라 버진 올리브오일 ·3큰술

재료

고등어 ·················· 1/2마리
엑스트라 버진 올리브오일 ···1큰술

녹찻잎소스

┌ 불린 녹찻잎 ··············· 1큰술
│ 청주 ····················· 1큰술
│ 소금 ······················ 약간
│ 후추 ······················ 약간
└ 녹차가루 ·················· 약간

1 고등어는 세 장 포 뜨기 후 1센티미터 간격으로 잔 칼집을 넣고 삼등분한다.

2 분량의 재료로 녹찻잎소스를 만들어 고등어를 한 시간 정도 재워 둔다.

3 팬이나 석쇠에 기름을 살짝 두르고 고등어를 올려 노릇하게 구워 낸다.

기름이 많은 등푸른생선은

등푸른생선은 구울 때 기름이 많이 나오므로 팬이나 석쇠에는 고등어가 달라 붙지 않을 정도의 기름만 둘러도 충분히 구울 수 있다. 기름기가 지나치게 나와 팬 주변으로 튀는 것을 막으려면 밀가루나 전분 옷을 살짝 입혀 굽는다.

녹찻잎고등어구이

녹차는 중금속의 체내 축적을 억제하는 효과가 뛰어나다. 등푸른생선은 EPA나 DHA같은
불포화지방산이 풍부해 몸에 좋지만 연근해에서 잡히기 때문에 중금속의 함유율도 높다.
녹차를 곁들여 등푸른생선을 조리하면 비린내도 제거하고 중금속 섭취도 막을 수 있다.

잔멸치호두볶음

멸치에는 회분, 핵산, 타우린 및 칼슘의 함유량이 월등히 많고
DHA가 풍부해 기억력 향상, 뇌세포 활성화에 도움을 준다.
호두 같은 견과류를 곁들이면 부족하기 쉬운 영양성분을 보충하여 건강 반찬으로 만들 수 있다.

재료

호두	1/2컵	**볶음 양념**	
잔멸치	1컵	┌ 간장	1작은술
마른 고추	1개	│ 청주	1큰술
엑스트라 버진 올리브오일	3큰술	│ 설탕	1큰술
다진 마늘	1큰술	└ 조청	1/2큰술
통깨	약간		

1 호두는 끓는 물에 살짝 데쳐 쓴맛을 뺀 후 마른 팬에 살짝 볶는다.

2 잔멸치는 체에 한 번 털어 잡티를 제거하고 마른 고추는 송송 썬다.

3 달군 팬에 올리브오일을 두르고 다진 마늘을 볶아 향을 낸다.

4 마늘향이 나면 멸치와 마른 고추를 넣고 충분히 볶는다.

5 호두를 넣고 볶음 양념을 넣어 윤기 나게 볶은 후 통깨를 뿌려 낸다.

🥚 호두는 미리 준비

호두는 떫은맛을 제거하기 위해 끓는 물에 살짝 데쳐 사용하면 좋은데
고소한 맛을 살리려면 데친 후에 마른 팬에 볶는 게 좋다.

재료

깻잎	····················	4묶음
엑스트라 버진 올리브오일	·······	1컵
통깨	····················	약간

볶음 양념

┌ 청주	····················	2큰술
│ 간장	····················	2큰술
│ 설탕	····················	2큰술
└ 조청	····················	1큰술

1 깻잎은 한 장씩 씻어 물기를 빼고 돌돌 말아 곱게 채 썬다.

2 올리브오일을 160도 정도로 가열한 후 깻잎채를 넣고 젓가락으로 뒤적여 가며 파랗게 튀겨 내고 기름을 제거한다.

3 냄비에 튀긴 깻잎채를 담고 분량의 양념장을 넣어 센 불에서 재빨리 조린 후 통깨를 뿌려 낸다.

튀긴 깻잎이 눅진하지 않게

깻잎을 충분히 튀겨 내지 않으면 양념에 볶고 나서 눅진해진다. 튀길 때 한꺼 번에 넣지 말고 조금씩 나누어 넣어 파랗고 바삭하게 튀긴다. 또 양념에 볶은 후 체에 밭쳐서 남은 양념을 제거해야 보관하는 동안 눅진해지거나 굳어지지 않는다.

깻잎채볶음

깻잎은 칼슘과 철분, 비타민A, C가 풍부하게 들어 있어
고기에 곁들이면 육류에 부족한 영양성분을 보충할 수 있다.
또 엽록소가 풍부하여 혈액을 깨끗하게 하고 조혈을 돕는 작용도 한다.

친환경생활수기공모전 수상작 | 박정이(서울시 마포구 망원2동)

자연을 입고 날아 보자

공동체, 쪽빛사람들이 만나는 천연염색의 아름다운 세상

아이들과 함께하는 천연염색 나들이

아침 일찍 아이들과 함께 길을 나섰습니다. 찬혁이와 만삭의 찬혁이 엄마는 황토 님네 차를 타고 오고, 진피 님네는 연신내 작업실에 들러 김경숙 님과 염색할 천을 싣고 가평으로 출발~! 함께하는 염색 나들이 길은 늘 즐겁고 기대에 가득 차 있습니다. 산과 강, 너른 논과 밭이 펼쳐진 가평의 펜션은 마치 며칠 비워 두었던 우리 집처럼 편안하기만 합니다.

도착하자마자 반갑게 인사를 나누고 좋은 공기를 가슴 깊은 곳까지 담아 둘 수 있게 크게 심호흡을 합니다. 다들 염색할 준비를 하고 찬혁 엄마랑 평화 엄마는 출출한 배를 채워 줄 점심을 준비하느라 바쁘지만 행복한 기운이 얼굴에 가득합니다.

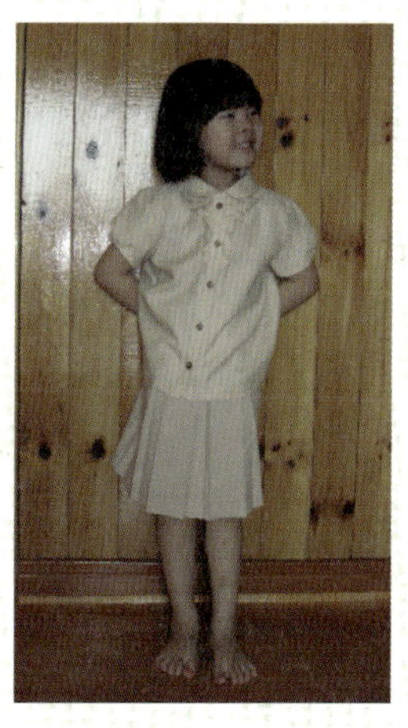

염색 준비를 마치신 김수강 님은 김경숙 님이 만들어 오신 아이들 옷으로 미니 패션쇼를 함께 준비합니다. 자, 개봉박두~ 결명자로 염색한 천으로 지은 옷이 아이들에게 입혀지니 와우! 예쁘기도 하십니다. 아이들과 어우러진 자연에는 은은한 향까지 스며들어 있습니다.

자, 이제는 묵사발로 점심상 차리기입니다. 채썰 도토리묵을 살짝 데쳐 그릇에 담습니다. 묵은 김치에 참기름을 넣고 깨소금을 뿌려 조몰락조몰락. 새송이버섯은 채 썰어 팬에 살짝 구워 준비하고, 김가루 얹어 쑥갓 살짝 올리면 먹음직스런 묵사발 준비됩니다. 주인집에서 준 말린 호박나물도 살짝 볶아 들깨를 갈아 만든 소스를 듬뿍 넣으니 보는 것만으로도 기운이 나는 호박나물들깨무침도 준비가 되었습니다. 여기에 인심 좋은 주인집에서 얻은 맛난 김치 올려놓으면 간단하고도 영양만점인 점심상 차리기가 끝납니다. 맛이 아주 끝내줍니다.

양파, 쑥, 자초…
자연으로 만드는 은은한 빛깔

이제부터는 염색할 준비를 합니다. 식당에서 얻어 온 양파껍질과 한 줌 뜯어 온 쑥을 각각 물에 넣어 팍팍 끓여 줍니다. 약재로도 쓰이는 인진쑥과 어린 쑥 잎도 같이 넣어 끓입니다. 본격적인 염색 작업에는 어려운 점이 많습니다. 염색액에 천을 넣어 조물조물 주물러 줍니다. 잘 뒤집어 가며 되도록 염액 바깥으로 천이 나오지 않도록 조심해야 하고 어느 한 곳이라도 염액이 스며들지 않는 곳이 없도록 골고루 주물러 주어야 합니다. 뜨거움도 참아 내야 합니다. 서서히 물이 들면 흐르는 물에 서너 번 잘 헹궈 냅니다. 그리고는 명반 녹인 뜨거운 물에 넣어 주무르고 물에 헹군 후 또다시 염액 속에 넣었다 헹구어 내기를 반복하다 보면 어느새 준비했던 하얀 천은 저만의 색깔을 서서히 갖추어 가지요. 염색을 마

치고 난 저녁이면 다들 녹초가 되어 쓰러지지만요.

　천연염색 작업은 많은 시간이 걸립니다. 먼저 세탁을 하여 준비된 옷감에 있는 인공의 불순물을 없애야 합니다. 잘 세탁하지 않으면 공들여 한 염색 천에 얼룩이 생기는 아픔을 겪어야 하기 때문입니다. 그리고 염액도 만들어야 합니다. 재료에 따라서는 먼저 충분히 불린 후 끓이기도 하고 다른 방법으로 염액을 만들기도 합니다. 본격적으로 '1차 염색 → 헹구기 → 2차 매염 염색 → 헹구기 → 3차 염색 → 헹구기'를 원하는 색이 나올 때까지 반복하게 됩니다. 자연을 천 안에 고스란히 담아내기 위한 염색 작업은 이렇게 길고 까다로우며 어렵습니다. 그러니 자투리 천 하나도 버리지 못하고 고스란히 모아 두게 됩니다. 그렇게 준비한 천으로 어른도 아이도 자연을 입게 되는 것이지요. 옷도 지어 입고 스카프도 만들어 두르고 남은 천으로는 아이들 장난감도 만들어 주고 신발도 만들어 줍니다. 이렇게 하고도 남은 조각 천으로는 작은 브로치를 만들어 스카프와 옷을 한층 더 아름답게 꾸미기도 하지요.

　다들 염색 작업을 하는 동안 아이들이랑 들판에 나가 쑥을 뜯습니다. 봄의 기운을 가득 담은 쑥을 다듬어 쑥떡과 쑥전을 준비합니다. 이렇게 마련한 음식에 제철의 향이 좋은 금귤, 사과까지 푸짐한 참을 앵두주 한 잔과 나누어 먹었습니다. 모두 둘러앉아 천연염색, 옷 만들기, 제철음식들에 관한 이야기들을 나누며 편안한 쉼의 시간을 가집니다. 사람들은 각자 염색 작업을 마무리하기도 하고 저녁을 준비하기도 합니다. 퇴근 후 먼 길을 달려 올 식구들을 기다리며 한 상 거하게 차립니다. 잡곡밥에 된장찌개, 돼지고기에 신선한 쌈채소 모음, 아삭아삭 고추절임에 맛난 김치까지. 우리가 함께라서 더욱 풍성한 만찬입니다. 우리 모두를 위해 지화자~!

　풍성한 밥상만큼이나 풍성해진 몸과 마음으로 다시 자초 염색을 시작합니다. 붉은 와인 빛의 자초 염액의 색이 모두의 기대를 불러일으킵니다. 열심히 주무르고 또 주무르고. 참 아름다운 시간입니다. 서로 땀도 닦아 주고 어깨도 두드려 주고. 함께 있어 행복한 밤은 이렇게 저물어 갑니다.

자연을 나누는 천연염색

　도시에서의 숨 가쁜 생활을 보상받듯 한껏 게으름을 피우다 일어나 주변 산책도 하고 두런두런 이야기도 나눕니다. 자연의 속삭임에 귀를 기울이고

자연의 순리에 몸을 내맡기며 한없는 자유를 누리는 시간이지요. 준비해 온 누룽지에 한참 제철인 방울토마토랑 금귤, 듬뿍 든 양상추에 파프리카까지 넣은 담백한 샐러드, 전날 밤 먹고 남은 고기랑 김치를 살짝 볶고, 생각만으로도 입안에 침이 고이는 고추절임으로 소박한 아침상을 차립니다. 자연을 고스란히 담아낸 식탁을 마주하고 앉아 자연이 우리에게 주는 많은 것들에 감사의 기도를 드립니다.

　"밥은 하늘입니다.

　　하늘을 혼자 못 가지듯이

　　밥은 서로 서로 나누어 먹습니다.

　　갈라 먹자!"

　아이들과 함께 노래를 부르며 자연을 나눕니다. 또 자연과 나눌 수 있는 방법에 대해서도 잠깐 묵상합니다.

　맛있고 두둑하게 먹은 아침상을 물리고 맛난 차를 한 잔 하면서 지난 낮밤에 염색한 천들을 볕 좋은 바깥마당에 널어 둡니다. 보랏빛 자초 염색으로는 여자아이들을 위한 원피스랑 투피스를 만들고.

은은하게 향이 묻어나는 쑥 염색 천으로는 뭘 만들까요? 황금빛 양파껍질 염색으로는 멋진 남자아이 옷을 만들어 볼까요? 색색의 스카프가 참 보기 좋습니다. 자연의 색을 담은 천이 생명으로 살아나는 듯합니다.

　이제 염색한 천들로 이런 옷들이 만들어집니다. 입다가 색이 바라면 다시 염색하고, 작아지면 동생에게 물려주며, 해지면 다시 염색해서 좋은 장난감도 만듭니다. 자연의 지혜를 닮아 순환하고 복원되는 그런 아름다운 옷들이 만들어지는 것이지요. 나와 내 이웃의 땀이 고스란히 담겨 더 소중한 옷들입니다. 자연을 입은 아이들이 그 지혜를 닮아 자연에 감사하고, 생명을 사랑하며, 이웃과 더불어 사는 좋은 이로 성장하면 좋겠습니다.

　날아라 천들아! 날아라 아이들아!

| 이 글은 「살림로하스」 시리즈 출간을 기념하여 살림출판사와 녹색연합, 한살림, 예장생협, 무공이네, 마이클럽이 공동으로 주최한 2009년 「친환경생활수기공모전」의 수상작입니다.

CHAPTER 03

올리브오일 드레싱으로 맛낸 건강 샐러드

엑스트라 버진 올리브오일은
샐러드드레싱을 만들 때 기본 재료로 많이 활용한다.
올리브오일을 기본으로 발사믹식초, 메이플시럽, 레몬 등
다양한 부재료를 섞어 드레싱을 만들면
샐러드의 맛이 더욱 깊고 신선해진다.

호두파프리카샐러드

호두는 단백질과 지방이 육류보다 많고 소량의 탄수화물도 포함하고 있다.
호두의 불포화지방산은 콜레스테롤이 혈관에 침착되는 것을 막고 신경세포를 활성화시키며
몸속에 축적된 중금속도 해독시킨다.

재료

미니파프리카	1/2팩	**메이플시럽드레싱**	
양상추	5장	엑스트라 버진 올리브오일	3큰술
양파	1/4개	메이플시럽	1큰술
건포도	1큰술	레몬즙	1큰술
호두	5알	양겨자	1작은술
		흰 후추	약간
		소금	약간

1 미니파프리카는 잘 씻은 후 모양을 살려 5밀리미터 두께로 썬다.

2 양상추는 한입 크기로 뜯어 찬물에 담갔다가 건진다.

3 양파는 곱게 채 썰어 찬물에 담갔다 건진다.

4 건포도는 흐르는 물에 씻어 건지고 호두는 아무것도 두르지 않은 팬에 볶아 식힌다.

5 분량의 재료를 섞어 메이플시럽드레싱을 만든다.

6 채소를 고루 섞어 접시에 담고 드레싱을 뿌린 후 건포도와 호두를 고루 뿌려 낸다.

 **견과류로 풍성하게**

샐러드는 풍부한 비타민과 섬유질에 반해 지질과 단백질이 부족하기 때문에 드레싱을 곁들여 영양 균형을 맞춘다. 드레싱 이외에 씹을수록 고소한 맛을 주고 부드러운 식감을 주는 견과류를 듬뿍 곁들이면 뻣뻣하고 퍼석거리는 생채소의 목 넘김도 좋아진다. 샐러드에 사용하는 견과류는 기름을 두르지 않은 팬에 살짝 볶아 수분을 날리면 고소한 맛은 증가하고 군내도 나지 않는다.

재료

노란색 파프리카 ················1개
빨간색 파프리카 ················1개
애호박 ·······················1개
가지 ························1개
푸실리(나선모양 파스타) ·········1줌
엑스트라 버진 올리브오일 ·····약간
파슬리가루 ····················약간
소금 ························약간

마늘퓌레

마늘 ························10톨
엑스트라 버진 올리브오일 ··3큰술

마늘드레싱

마늘퓌레 ·····················3큰술
발사믹식초 ····················3큰술
엑스트라 버진 올리브오일 ·2큰술
소금 ························약간
후추 ························약간

1 파프리카는 불에 대고 구워 겉껍질이 검게 타면 찬물에 담가 껍질을 벗긴 후 세로로 반 갈라 씨를 빼고 한입 크기로 썬다.

2 애호박과 가지는 잘 씻어 어슷하게 썰고 올리브오일을 살짝 발라 석쇠나 그릴에 노릇하게 굽는다.

3 작은 그릇에 올리브오일과 마늘을 넣고 팬에 중탕으로 익혀 퓌레 상태로 만든다.

4 마늘퓌레와 분량의 재료를 섞어 마늘드레싱을 만든다.

5 푸실리는 끓는 물에 소금을 넣고 봉투에 적힌 적정시간 동안 삶아 건진 후 찬물에 헹궈 체에 받친다.

6 푸실리와 구운 채소를 고루 담고 마늘드레싱에 버무려 잘 섞고 파슬리가루를 뿌려 낸다.

🧄 마늘을 듬뿍 담은 소스

마늘은 생으로 먹으면 항암 효과가 더욱 좋지만 냄새와 아린 맛 때문에 먹기가 힘들다. 오일에 부드럽게 익혀 먹는 양을 늘리면 같은 효과를 볼 수 있는데, 마늘이 타면 안 되니 기름이 담긴 그릇에서 중탕으로 익혀 퓌레를 만든다.

구운채소푸실리샐러드

마늘은 알리신 성분이 암이나 노화의 원인이 되는 활성산소의 작용을 억제하는 최고의 항암식품이다.
알리신은 결핵이나 이질, 티푸스균 등에 대한 항균력도 가지고 위궤양의 원인인
헬리코박터 파일로리균을 죽이는 역할도 한다.

브로콜리양파샐러드

브로콜리에는 설포라페인이라는 성분이 들어 있어 강력한 항암 작용을 한다.
설포라페인은 위암과 위염의 원인이 되는 헬리코박터 파일로리균을 박멸하는 효과가 탁월하다.
천연 항산화제인 셀레늄도 풍부하게 들어 있다.

재료

브로콜리 ····················1송이
양파 ·····················1/2개
오이 ·····················1/4개
당근 ·····················1/6개
소금 ······················약간

간장드레싱

엑스트라 버진 올리브오일 ··3큰술
간장 ·····················2큰술
식초 ·····················2큰술
설탕 ·····················1큰술

1 브로콜리는 한입 크기로 송이를 나누어 끓는 소금물에 살짝 데친 후 찬물에 헹군다.

2 양파는 곱게 채 썰어 찬물에 담가 매운맛을 제거한 후 건진다.

3 오이와 당근은 곱게 채 썰어 찬물에 담갔다 건진다.

4 분량의 재료를 섞어 간장드레싱을 만든 후 냉장고에 차게 보관한다.

5 볼에 준비한 채소들을 담고 드레싱을 뿌려 낸다.

🥚 아삭아삭한 샐러드

샐러드를 만들 때 찬물에 담가서 아삭하게 살린 채소는 수분을 잘 제거해야 한다. 채소에 수분이 남아 있으면 수분막이 형성되어 드레싱이 스며들지 않아 싱겁게 느껴지고 맛이 떨어진다. 또 드레싱과 채소는 먹기 전까지 냉장고에 보관하여 신선하게 내야 맛이 좋다.

1 토마토는 끓는 물에 데쳐 껍질을 벗기고 4등분하여 씨를 제거한다.

2 연두부, 오이, 양파는 작은 주사위 모양으로 썬다.

3 분량의 재료를 고루 섞어 드레싱을 만들어 둔다.

4 오이, 양파, 날치알을 드레싱에 고루 버무린 후 연두부를 넣고 조심스럽게
  섞는다.

5 토마토 위에 4를 채운 후 남은 드레싱을 뿌려 낸다.

토마토 껍질을 쉽게 벗기려면

잘 소화되지 않는 토마토의 껍질은 벗겨 내고 조리하는 것이 좋다. 꼭지가
붙은 토마토를 잘 씻어 아래쪽에 십자로 작은 칼집을 내고 뜨거운 물에 넣어
살살 굴린 후 건져 찬물에 바로 담그면 칼집 면이 벌어지면서 껍질이 잘 벗
겨진다.

재료

붉은 토마토	3개
연두부	1모
오이	1/2개
양파	1/4개
날치알	2큰술

바질드레싱

┌엑스트라 버진 올리브오일	3큰술
식초	2큰술
다진 양파	1큰술
다진 바질	1큰술
설탕	2작은술
발사믹식초	2작은술
└소금	1/2작은술

토마토컵샐러드

토마토에는 리코펜이라는 성분이 있어 혈관계 질환을 예방하는 작용을 한다.
리코펜은 베타카로틴의 두 배 정도의 항산화 작용을 하고
흡연에도 구조가 변하지 않는 특성을 가지고 있어 폐암 예방에 효과적이다.

수란아스파라거스샐러드

아스파라거스는 아스파라긴산, 비타민B1, B2, C와 칼슘, 인, 칼륨 등의 무기질이 풍부하다.
다량의 아스파라긴산이 간장의 해독을 돕고 각종 영양소와 더불어
혈관경화 방지, 혈압강하, 방광결석 방지, 이뇨작용을 돕는 등 약용효과도 탁월하다.

재료

발시믹드레싱

1 아스파라거스는 딱딱한 밑동과 돌기를 제거한 후 끓는 소금물에 5분 정도 데쳐 식힌 후 3~4등분 한다.

2 방울토마토는 잘 씻어 올리브오일에 소금, 후추로 살짝 간하고 볶는다.

3 달걀은 국자에 넣고 깨어 끓는 물에 담가 건져 수란을 만든다.

4 양파는 곱게 채 썰고 베이비채소는 먹기 좋게 손질해 찬물에 담갔다 건진다.

5 접시에 재료를 고루 섞어 담고 수란을 올린 후 분량의 재료로 드레싱을 만들어 뿌려 낸다.

 **수란 만드는 방법**

만들기가 까다로운 수란. 먼저 냄비에 물을 넉넉히 담고 소금을 조금 넣어 끓인다. 물이 끓으면 국자에 식용유를 바른 후 달걀을 깨어 넣고 국자를 조심스럽게 담가 물의 표면에서 살짝 익히다가 흰자가 응고되기 시작하여 1/3 정도 익으면 물속에 담가 반숙을 만든다.

재료

혼합콩 ······················1/2컵
고구마 ·····················2개

마요네즈 유자청소스

올리브오일마요네즈 ······4큰술
유자청 ·····················2큰술
소금 ·······················1작은술
후추 ·······················약간
설탕 ·······················약간

1 콩은 잘 씻은 후 소금물에 부드럽게 삶아 건진다.

2 고구마는 잘 삶아 뜨거울 때 껍질을 벗기고 으깬다.

3 분량의 재료를 잘 섞어 소스를 만든다.

4 콩과 고구마를 섞어 소스에 고루 버무려 낸다.

고소하고 말랑하게 콩 삶기

콩은 너무 익히면 메주 냄새가 나고 덜 익히면 풋내가 난다. 냄비에 콩이 잠길 정도로 물을 자작하게 붓고 소금을 약간 넣고 삶는다. 콩의 색깔이 진해지면서 익는 냄새가 나면 불을 끄고 뚜껑을 덮어 뜸을 충분히 들인 후 꺼내면 말랑하게 잘 익는다.

혼합콩고구마샐러드

콩은 쌀을 주식으로 하는 우리 민족에게 단백질과 지방의 공급원으로 훌륭한 역할을 해 왔다.
콩의 지방질과 단백질은 콜레스테롤 수치를 낮춰 준다.
항산화 작용을 하는 비타민E가 풍부하고 면역력을 높이는 사포닌도 다량 들어 있다.

마그린샐러드

서여라고도 하는 마는 한방에서는 뼈와 살을 튼튼하게, 정력을 강하게 하고, 오래 먹으면 눈과 귀가
밝아지며 오래 살게 하는 보약이라 한다. 녹말과 당분이 많고 비타민B, B2, C, 사포닌 등이 들어 있다.
끈적끈적한 점액질인 뮤신은 천연 소화효소이다.

1 마는 껍질을 벗기고 잘 씻어 5밀리미터 두께로 썰어 식초 물에 담갔다 건
   진다.
2 양상추는 한입 크기로 뜯어 찬물에 담가 건진다.
3 비타민과 양파는 뿌리를 잘라 내고 먹기 좋게 다듬어 찬물에 담가 건진다.
4 오렌지는 과육만 칼로 떼어 내 준비한다.
5 분량의 드레싱 재료를 섞어 믹서에 갈아 드레싱을 만들고 차게 보관한다.
6 샐러드 채소와 오렌지를 접시에 담고 드레싱을 곁들여 낸다.

손이 가려운 마 손질할 때

마의 끈끈한 성분 속에는 가려움증을 유발하는 물질이 있어 비닐장갑을 끼고
껍질을 벗기는 게 좋다. 흙을 털어 내고 껍질을 벗기는 것보다 껍질을 벗긴 후
물에 씻는 방법이 끈적임을 줄일 수 있다.

재료

마	1/2개
양상추	3장
비타민	3포기
양파	1/4개
오렌지	1개
식초	약간

오렌지드레싱

오렌지 과육	1/2개
엑스트라 버진 올리브오일	3큰술
식초	1큰술
레몬즙	1큰술
설탕	1큰술
소금	1작은술
다진 오렌지 껍질	1작은술
후추	약간

재료

강낭콩	6큰술
콘킬리에(조개모양 파스타)	1/2줌
통조림 옥수수	3큰술
브로콜리	1/4송이
방울토마토	10개
블랙올리브	5개
체다 치즈	약간
소금	약간

살사드레싱

다진 토마토	1개분
다진 청양고추	1개분
다진 양파	1/4개분
엑스트라 버진 올리브오일	3큰술
레몬즙	2큰술
핫소스	1큰술
소금	1/2작은술
후추	약간

1 강낭콩은 잘 씻어 넉넉한 소금물에 부드럽게 삶아 건져 헹군다.

2 콘킬리에는 끓는 소금물에 넣고 포장지에 있는 시간대로 부드럽게 삶아 건진다.

3 통조림 옥수수는 끓는 물에 데쳐 체에 밭친다.

4 브로콜리는 송이를 나누어 끓는 소금물에 살짝 데쳐 헹군다.

5 방울토마토와 블랙올리브는 모양을 살려 얇게 썬다.

6 분량의 재료를 고루 섞어 드레싱을 만든다.

7 볼에 샐러드 재료를 고루 담고 드레싱에 버무린 후 그릇에 담고 체다 치즈를 잘게 다져 뿌려 낸다.

통조림 제품을 쓸 때는

제철이 아닐 때는 옥수수나 완두콩, 죽순 등을 통조림 제품으로 이용하는데 저렴하고 손쉽게 구할 수 있다는 장점이 있지만 제조 과정에서 각종 첨가물이 들어가고 보관 중 캔의 유해 성분이 용출되어 재료에 스며들 수 있다. 통조림 제품을 쓸 때는 국물을 따라 내고 끓는 물에 한 번 데쳐서 사용하면 각종 첨가물과 중금속의 오염을 줄일 수 있다.

멕시칸풍샐러드

자신들의 선조가 옥수수에서 생겨났다고 믿을 정도로 옥수수를 친숙하게 여기고 사용하는
멕시코의 요리 주재료는 콩과 옥수수, 고추로 요약이 된다. 주로 우리 식의 밀전병인 토르티야를
만들어 먹는데 해산물이나 육류를 잘게 썬 양파나 고추로 만든 살사소스에 곁들여 먹는다.

버섯로메인샐러드

로메인은 로마인의 상추라는 뜻을 가진 채소다. 배추처럼 포기로 자라고 칼륨과 마그네슘 등이 풍부하며
비타민A와 C도 함유하고 있다. 피부를 촉촉하게 해 주고 잇몸의 출혈을 막는 작용을 하며 임산부의
모유 양을 늘려 주기도 한다. 로마의 시저가 좋아하였던 상추라 하여 시저샐러드의 주재료로 사용된다.

재료

새송이버섯	1개	소금	약간
양송이버섯	3개	후추	약간
생표고버섯	2개		
해송이버섯	1줌		
양파	1/2개		
아몬드	3큰술		
로메인상추	1포기		
엑스트라 버진 올리브오일	4큰술		

레몬발사믹드레싱

발사믹	3큰술
레몬즙	1큰술
설탕	2작은술
소금	약간
후추	약간

1 새송이버섯은 모양을 살려 저며 썰고 양송이버섯과 표고버섯은 기둥을 떼어 내고 채 썬다. 해송이버섯은 밑동을 자르고 가닥을 나누어 준비한다.

2 양파와 아몬드는 굵직하게 다지고 로메인은 한입 크기로 뜯어 찬물에 담갔다 건진다.

3 달군 팬에 올리브오일 2큰술을 두르고 양파가 투명하게 익을 때까지 충분히 볶는다.

4 3에 버섯과 아몬드를 넣고 남은 올리브오일을 두른 후 센 불에서 소금, 후추 간을 살짝 하여 2~3분 정도 볶아 낸다.

5 접시에 로메인을 깔고 볶은 버섯을 담아 드레싱을 뿌려 낸다.

🥄 버섯과 견과류를 곁들이는 샐러드

버섯은 스펀지 구조라 처음부터 기름을 너무 많이 두르고 볶으면 기름이 많이 들어 느끼해질 수 있으니 분량의 기름을 두 번 정도 나누어 사용한다. 버섯의 쫄깃함에 견과류의 고소함을 곁들이면 영양도 잘 맞고 식감도 좋아지는데 아몬드 대신 땅콩이나 호두를 사용해도 좋다.

재료

		두부드레싱	
키위	1/2개	연두부	1/2모
파인애플	2조각	두유	1컵
바나나	1개	다진 땅콩	3큰술
방울토마토	5알	엑스트라 버진 올리브오일	2큰술
오이	1/2개	설탕	1큰술
당근	1/6개	소금	1작은술
양상추	5장	레몬 겉껍질과 과육	1/2개분
치커리	약간		

1 키위와 파인애플, 바나나, 방울토마토는 먹기 좋은 크기로 썬다.

2 오이와 당근은 4센티미터 길이로 곱게 채 썬다.

3 양상추와 치커리는 먹기 좋은 크기로 뜯어 찬물에 담갔다 건진다.

4 믹서에 두부드레싱의 모든 재료를 담고 곱게 갈아 차게 보관한다.

5 접시에 채소를 고루 섞어 담고 두부드레싱을 뿌려 낸다.

두부에는 식초 대신 레몬

두부는 콩 단백질이 들어 있어 식초를 넣으면 멍울이 생기기 때문에 드레싱의 새콤한 맛을 살리려면 레몬을 갈아서 넣는 것이 좋다. 레몬껍질의 흰색 부분은 쓴맛이 강하므로 노란색 껍질과 과육만 발라서 사용한다.

두부드레싱 과일샐러드

두부는 콩 단백질인 글리시닌, 알부민을 응고시켜 만든 것으로 열량이 낮고, 수분함량이 높아
다이어트식으로 좋다. 단백질은 풍부하지만 섬유소나 필수영양소들의 함량이 낮으니
영양가 있게 두부를 먹으려면 비타민과 섬유소가 풍부한 샐러드와 같이 섭취하는 게 좋다.

RAFFLES HOTEL LETTERHEAD 1903

CHAPTER 04

올리브오일로 만든 온 가족 별미 일품요리

파스타, 수프, 피자 등 온 가족이 즐기기 좋은 일품요리를 할 때도
올리브오일의 쓰임은 다양하다.
올리브오일은 주재료의 영양을 살리면서
콜레스테롤 걱정 없이 음식을 마음껏 즐길 수 있어
다이어트를 하는 사람은 물론 남녀노소 누구나 부담 없이 즐길 수 있다.

파슬리소스 감자뇨키

파슬리는 비타민A, B, C가 고루 함유되어 있고 철분을 비롯하여 칼슘, 마그네슘 등의 미네랄도 풍부하다.
파슬리의 독특한 향미 성분인 아피올은 소화력을 향상시키고,
간장의 기능을 높이며 이뇨작용도 뛰어나다.

재료

감자	2개
밀가루	1/4컵
엑스트라 버진 올리브오일	1큰술
소금	1작은술

파슬리소스

┌ 엑스트라 버진 올리브오일	3큰술
│ 다진 파슬리	1과 1/2큰술
│ 다진 양파	1큰술
│ 다진 마늘	1작은술
│ 소금	약간
└ 후추	약간

1 감자는 부드럽게 삶아서 껍질을 벗기고 체에 내린다.

2 감자 으깬 것에 밀가루, 올리브오일, 소금을 넣고 말랑하게 반죽한다.

3 작은 경단 모양으로 만든 후 올리브오일을 약간 넣은 끓는 물에 삶아 건
진다.

4 분량의 재료로 파슬리소스를 만든다.

5 팬을 달군 후 파슬리소스를 넣고 뇨키를 넣어 재빨리 볶아 낸다.

이탈리아식 수제비 뇨키

뇨키는 밀가루 반죽을 떼어 만드는 아주 오래된 파스타로 감자나 호박, 옥수
수 등을 섞어 만들기도 한다. 반죽을 떼어 끓여 먹는 점에서 우리의 수제비와
만드는 법이 비슷하다. 올리브오일, 버터, 치즈 등으로 다양한 소스를 더할 수
있다.

재료

스파게티	1줌 (120g)
마늘	2톨
마른 고추	1개
엑스트라 버진 올리브오일	5큰술
바질 잎	3장
소금	약간
후추	약간

1 냄비에 물을 넉넉히 넣고 봉지에 표시된 대로 스파게티를 삶아 건진다.

2 마늘은 편으로 썰고 바질은 채 썰고 고추는 가위로 송송 자른다.

3 팬에 올리브오일을 두르고 마늘과 고추를 넣고 볶는다.

4 마늘이 노릇해지고 고추의 매운 향이 올라오면 마늘과 고추를 건진다.

5 4의 팬에 스파게티를 볶다가 바질과 덜어낸 고추, 마늘을 넣고 볶는다.

6 소금, 후추로 간을 하여 낸다.

 **마늘과 고추는 타지 않게**

마늘과 고추는 스파게티 볶을 때까지 계속 볶으면 까맣게 타서 쓴맛이 돈다. 귀찮더라도 매운맛과 향이 나면 잠깐 덜어 내었다가 스파게티가 부드러워지면 다시 넣고 볶는 것이 좋다. 바질의 향이 싫다면 넣지 않아도 좋다.

마늘스파게티

크림소스나 토마토소스에 버무린 진한 맛의 파스타도 맛있지만,
올리브오일에 버무린 담백한 맛의 파스타는 깔끔하고 신선하다.
올리브오일에 앤쵸비나 허브 등을 다져 넣고 여러 가지 맛의 파스타를 만들 수 있다.

카레향 해물토마토수프

카레의 노란색을 내는 강황은 인도가 원산지로 생강처럼 뿌리를 이용하는 식물이다.
강황에는 항암작용을 하는 성분이 있고 노인성 치매를 예방하는 효과도 있다.
또 신진대사를 활성화시키고 다이어트에도 효과적이다.

재료

모시조개 ·····················1컵
홍합 ·······················10개
주꾸미 ·····················3마리
중하 ·······················5마리
토마토 ·······················1개
양파 ·······················1/2개
마른 고추 ·····················1개
마늘 ·························3톨
파슬리 잎 ·····················약간
엑스트라 버진 올리브오일 ···2큰술
카레가루 ·····················2큰술
화이트와인 ···················1/3컵
토마토소스 ···················1컵
소금 ·························약간
후추 ·························약간

모시조개와 홍합 육수

물 ·························5컵
양파 ·······················1/2개
월계수 잎 ·····················1장

1 모시조개와 홍합은 해감을 한 후 분량의 조개 육수 재료에 넣고 끓여 체에 거른다.

2 주꾸미는 밀가루로 문질러 씻은 후 먹기 좋게 자르고 새우는 내장을 제거하고 꼬리 한 마디만 남겨 껍질을 벗긴다.

3 토마토는 끓는 물에 데쳐 껍질을 벗긴 후 과육만 깍둑 썰고 양파는 채 썬다.

4 마른 고추는 잘게 자르고 마늘은 저며 썰고 파슬리 잎은 잘게 다진다.

5 깊은 팬에 올리브오일을 두르고 마늘과 고추, 양파를 볶다가 주꾸미와 홍합, 새우, 카레가루를 볶아 익힌 후 화이트와인을 넣는다.

6 알코올이 휘발되면 토마토소스와 토마토를 넣고 한소끔 끓인 후 1의 조개 육수를 부어 끓인다.

7 끓어오르면 데친 모시조개를 넣고 소금, 후추로 간을 한 후 굵게 다진 파슬리 잎을 뿌려 낸다.

 **해산물 요리엔 화이트와인**

해산물 요리를 할 때 화이트와인을 적절하게 쓰면 비린 맛을 제거하고 육질을 탱탱하게 만든다. 화이트와인을 넣고는 뚜껑을 열고 센 불에서 강하게 볶아 알코올 성분을 휘발시켜야 요리에 쓴맛이 남는 것을 막을 수 있다.

1 밀가루와 이스트, 설탕, 소금을 잘 섞고 물을 부어 반죽한 후 올리브오일을 넣고 매끈하게 반죽해서 40분 정도 발효시킨다.

2 감자는 껍질과 싹을 제거하고 2밀리미터 두께로 얇게 썰어 찬물에 담갔다가 끓는 소금물에 1분 정도 데친 후 올리브오일과 소금, 후추에 버무려 둔다.

3 1의 도우를 팬 크기에 맞추어 넓게 편 후 포크로 찍어 과도하게 부풀어 오르는 것을 막고 모차렐라 치즈와 감자를 켜켜이 올려 파머산 치즈가루를 뿌린다.

4 로즈마리를 잎만 뜯어 올리고 230도로 예열한 오븐에 치즈가 흘러내릴 정도로 10분~12분 가량 굽는다.

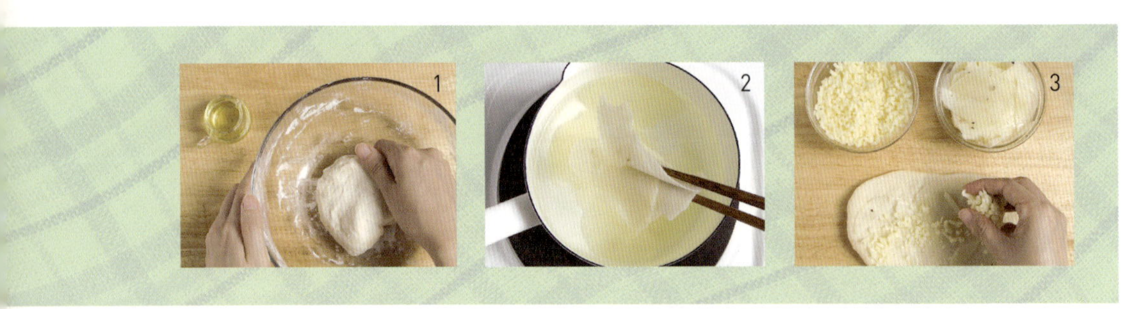

얇게 썬 감자를 올린 피자

감자를 최대한 얇게 썰어 바삭하고 고소한 맛을 살린다. 감자를 채칼로 얇게 썰어 끓는 물에 살짝 데친 후 올리브오일에 버무려 서로 달라붙지 않게 한다.

감자로즈마리피자

로즈마리는 특유의 향미성분으로 항균, 살균작용을 하고 집중력을 향상시켜 기억력을 증진시키며
무기력증을 해소한다. 수험생이나 스트레스가 많은 직장인에게 좋지만 자궁을 수축시키는 작용을
하므로 임산부는 많이 먹지 않는 게 좋다.

양송이버섯구이

양송이버섯은 칼슘 흡수를 돕는 비타민D와 티로시나제, 기형아 예방에 좋은 엽산을 많이 함유하고 있으며 고혈압 예방에 좋다. 탄수화물 성분이 거의 함유되어 있지 않아 당뇨나 빈혈에 효과적이다.

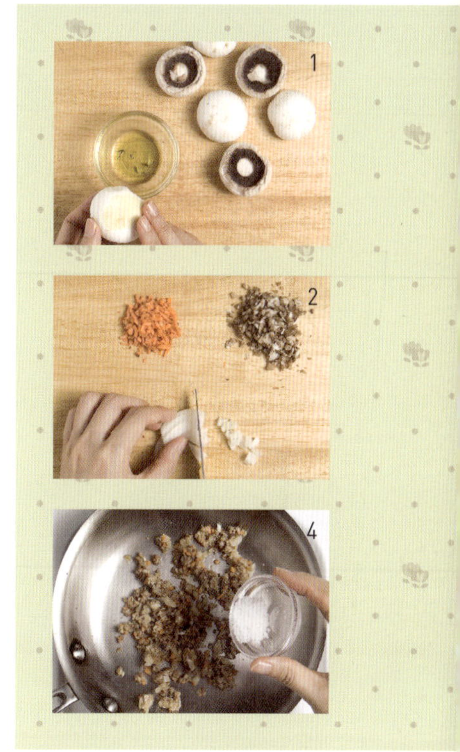

재료

양송이버섯	10개
양파	1/4개
당근	1/8개
엑스트라 버진 올리브오일	2큰술
다진 마늘	1작은술
모차렐라 치즈	1/2컵
소금	약간
후추	약간
파슬리가루	약간

1 양송이버섯은 기둥을 떼어 내고 속을 살짝 파낸 후 겉면에 올리브오일을 바른다.
2 양파, 당근, 양송이버섯 기둥은 잘게 다진다.
3 팬에 올리브오일을 두르고 다진 마늘을 볶아 향을 낸다.
4 3의 팬에 2의 채소를 넣고 소금과 후추로 간을 하여 볶는다.
5 1의 양송이버섯에 4의 소를 채운 뒤 모차렐라 치즈를 올리고 190도의 오븐에서 5분 정도 구워낸 후 파슬리가루를 뿌려 낸다.

 **채소는 물이 나오지 않게 미리 볶아서**

양송이버섯을 구우면 익으면서 물이 나온다. 버섯의 소를 미리 볶아 수분을 제거하지 않으면 버섯에서 물이 나올 때 소가 떨어져 내리므로 소에 들어가는 채소는 미리 볶아 식혀서 넣는다.

재료

오징어 ····················2마리
곁들임 채소(양파, 버섯, 가지 등) ··약간

마리네이드소스

엑스트라 버진 올리브오일 ··3큰술
다진 마늘 ················2큰술
발사믹식초 ··············2큰술
레몬즙 ···················1큰술
말린 바질 ·················약간
파슬리가루 ···············약간
소금 ·····················약간
후추 ·····················약간

1 오징어는 배를 가르지 말고 다리를 잡아 당겨 내장을 제거하고 껍질을 벗긴 다음 잘 씻어 물기를 뺀다.

2 분량의 재료를 섞어 마리네이드소스를 만든다.

3 오징어를 마리네이드소스에 넣고 2~3시간 재워 둔다.

4 잘 달군 팬이나 그릴에 오징어와 곁들임 채소를 구워 낸다.

올리브오일 마리네이드

육류나 해산물을 올리브오일에 미리 재워 마리네이드하면 육질이 부드러워지고 동물성 콜레스테롤을 식물성 지방으로 바꾸어 주는 역할을 한다. 단, 고기를 구울 때에 소금간은 미리 하면 육질이 단단해지고 육즙이 빠져 버리니 굽기 전에 한다.

마리네이드 통오징어구이

한방에서 오징어는 조혈작용을 하여 혈액순환을 원활하게 돕고 간장의 해독 기능을 강화시킨다고 알려져
있다. 올리브오일로 마리네이드소스를 만들어 재웠다 구우면 오징어의 부드러움과 풍미를 살릴 수 있다.

홍합볶음

홍합은 해산물 중 염분이 적고 담백해 담채로 불리기도 한다. 칼륨의 함량이 높아 나트륨을 제거하는
역할도 하며 혈액순환을 촉진하여 피부를 윤택하게 만들고 생리활성 작용을 도와준다. 비타민과
무기질이 풍부해 여성들의 빈혈이나 노화를 방지하는 데 효과적이어서 동해부인으로 부르기도 한다.

1 마늘과 양파, 피망은 굵게 다진다.
2 팬에 올리브오일을 두르고 다진 마늘을 충분히 볶아 향을 낸 후 홍합을 볶는다.
3 홍합이 볶이면 화이트와인을 넣고 센 불로 볶아 비린내를 날린다.
4 양파, 피망을 넣고 볶다가 소금, 후추로 간을 한 후 파슬리가루를 뿌려 낸다.

재료

마늘 ⋯⋯⋯⋯⋯⋯⋯⋯⋯⋯4톨
양파 ⋯⋯⋯⋯⋯⋯⋯⋯⋯1/2개
청, 홍피망 ⋯⋯⋯⋯⋯⋯1/4개씩
엑스트라 버진 올리브오일 ⋯4큰술
홍합 ⋯⋯⋯⋯⋯⋯⋯⋯⋯⋯50개
화이트와인 ⋯⋯⋯⋯⋯⋯1/4컵
소금 ⋯⋯⋯⋯⋯⋯⋯⋯⋯⋯약간
후추 ⋯⋯⋯⋯⋯⋯⋯⋯⋯⋯약간
파슬리가루 ⋯⋯⋯⋯⋯⋯⋯약간

마늘 향을 깔끔하게 내려면

마늘은 굵게 다져도 좋지만 칼로 으깨듯이 짓이겨 볶으면 향이 더욱 좋아진다. 끈
적끈적한 성분이 많이 나오지 않을수록 요리가 깔끔하니 깐 마늘을 도마에 놓고
칼의 옆면으로 지그시 누르거나 강하게 톡 때려서 사용한다.

재료

양파	1개
마늘	3톨
바게트 빵	2조각
엑스트라 버진 올리브오일	2큰술
물	3컵
파머산 치즈가루	5큰술
소금	약간
후추	약간
파슬리가루	약간

1 양파와 마늘은 곱게 채 썬다.

2 바게트 빵은 5밀리미터 두께로 썰어 아무것도 바르지 않고 노릇하게 굽는다.

3 달군 냄비에 올리브오일을 두르고 양파와 마늘이 갈색이 날 때까지 충분히 볶는다. 타려고 하면 물을 조금씩 붓는다.

4 색이 진하게 나면 물을 붓고 불순물을 걷어 내며 푹 끓인 후 소금과 후추로 간을 맞춘다.

5 수프그릇에 수프를 담고 바게트 빵을 띄운 후 파머산 치즈를 뿌려 오븐에서 치즈가 녹도록 데우고 파슬리가루를 뿌려 낸다.

양파의 색과 향이 진하게 나도록

양파의 단맛과 향이 제대로 우러나도록 올리브오일에 충분히 볶는 것이 포인트다. 양파가 익으면서 캐러멜화가 일어나며 냄비 바닥에 눌어붙거나 타는데 이때 불을 줄이거나 끄지 말고 물을 부어 가며 타지 않게 볶는다. 물 대신 육수를 사용하면 맛이 더욱 진해진다.

양파치즈수프

양파의 퀘르세틴은 혈관을 깨끗이 하고 나쁜 콜레스테롤의 축적을 막아 주는 성분이다.
또 양파의 유황화합물 성분은 신경계통에 작용하여 신경을 안정시키고 불면증에 효과가 있다.

게살해시포테이토

감자는 주성분이 녹말인 알칼리 식품이다. 엽채류 못지않은 비타민C와 비타민B 복합체, 아미노산을 고루
함유한 훌륭한 식사대용 식품으로 전분 구조가 단단해 가열해도 비타민의 파괴가 적다.

1 감자는 삶아서 껍질을 벗기고 소금, 후추로 간하여 대충 으깨거나 잘게 다진다.

2 게살은 녹여서 끓는 물에 한 번 데친 후 굵게 다지고 양파는 곱게 채 썰거나 다진다.

3 1과 2의 재료를 섞어 지름 12센티미터 정도로 동글납작하게 빚는다.

4 달구어진 팬에 올리브오일을 두르고 한쪽 면이 갈색이 나도록 구운 후 반대편도 갈색이 나도록 굽는다.

5 파슬리가루를 약간 뿌리고 구운 달걀이나 토마토를 곁들여 접시에 담아 낸다.

감자전 같은 해시포테이토

해시는 작은 크기로 음식을 다진다는 뜻이다. 해시포테이토는 익힌 감자를 다지거나 채 썰어 여러 가지 재료를 넣고 갈색이 나게 구운 요리로, 게살 대신 당근이나 버섯, 치즈 등을 사용하여도 좋다.

재료

도미살	1쪽
애호박	1/4개
양파	1/4개
바질	1장
방울토마토	4개
미니파프리카	2개
엑스트라 버진 올리브오일	3큰술
달걀노른자	1개분
소금	약간
후추	약간

1 도미살은 3×4센티미터 크기로 포를 뜬 후 소금, 후추로 살짝 밑간 한다.

2 애호박과 양파, 바질은 채 썰고 방울토마토와 미니파프리카는 먹기 좋게 손질한다.

3 올리브오일을 두른 팬에 애호박과 양파, 파프리카를 넣고 소금, 후추로 간을 하여 살짝 볶는다.

4 오븐 팬에 기름종이를 넓게 펼쳐 볶은 채소를 깔고 도미살을 올린다.

5 바질과 방울토마토를 올리고 올리브오일을 두른 후 기름종이를 반으로 접어 덮는다.

6 기름종이 위에 달걀노른자를 바르고 230도의 오븐에서 10분 정도 구워 낸다.

육즙이 빠지지 않게 싸서 굽는 요리

오븐을 쓸 때 알루미늄 포일이나 종이 포일에 재료를 한 번 감싼 후 구워 내면 육즙이 빠지지 않는다. 살이 금방 단단해지는 생선이나 질겨질 염려가 있는 포 뜬 육류 등은 채소와 섞어 포일을 덮거나 감싸서 구우면 촉촉한 육즙이 생기면서 담백한 요리가 된다.

도미살채소구이

도미는 고단백 저칼로리 식품으로 임산부와 노약자, 환자에게 좋다.
칼슘과 비타민A, B1의 함량이 높아 뇌와 신경세포를 활성화시키는 작용을 한다.
비늘이 억세고 가시가 단단하므로 손질할 때 주의한다.

자연을 살리고 생명을 살리는 미생물의 기적

미생물은 도저히 셀 수 없을 만큼 천문학적인 숫자로 존재한다. 지구의 모든 생명체의 무게를 합산하면 미생물이 총무게의 60퍼센트를 차지할 정도라고 하니 가히 지구의 보이지 않는 주인이라 불릴 만하다. 미생물은 그동안 흑사병이나 콜레라, 탄저병 같은 전염병으로 인류를 괴롭혀 오기도 했지만 다른 각도에서 보면 인류에 엄청난 혜택을 제공했을 뿐 아니라 지금도 수많은 일을 하고 있다. 그 중에서도 특히 사람들의 삶과 자연 환경에 커다란 혜택을 주는 '착한 미생물'들은 지구상에 없어서는 안 될 존재로, 환경의 파수꾼이자 인류의 조력자로 꼽힌다. 이런 '착한 미생물'을 배양해 민간에게 전파하는 '(사)EM환경센타'에 대해 알아본다.

EM은 무엇이며 환경에 어떤 영향을 미치나요?

EM은 Effective Micro-organisms의 머리글자를 딴 약자로 유용 미생물들이라는 뜻입니다. 일반적으로 효모, 유산균, 누룩균, 광합성균, 방선균 등 80여 종에 달하는 미생물이 들어 있는데 이는 다양한 미생물이 공생하는 한국 전통 발효식품을 일컫는 이름이기도 합니다. 특징으로 악취 제거, 수질정화, 금속과 식품의 산화 방지, 남은 음식물 발효 등에 뛰어난 효과가 있습니다. 유용 미생물들은 우리 민족이 수천 년 전부터 식품 발효 등에 이용해 왔던 미생물들로 항산화 작용 또는 항산화 물질을 생성함으로써 서로 공생하며 부패를 억제하여 자연을 소생의 방향으로 이끌어 나갑니다.

대부분의 미생물 연구는 각각 한 종류의 미생물에만 국한되었습니다. 그러나 EM은 군(群) 즉, 다양한 미생물 집단이기 때문에 대단히 폭넓고 뛰어난 효과를 발휘하고 있습니다. EM 내에는 호기성 미생물과 혐기성 미생물, 분해균과 합성균 등이 공존하고 있습니다. 이것은 종래의 미생물학적 발상에서는 있을 수 없는 일입니다. 산소가 없으면 살 수 없는 미생물과 산소가 있으면 살 수 없는 미생물은 원래 공존이 불가능하기 때문입니다. 그러나 항산화 물질이 존재하는 상황에서는 서로에게 필요한 먹이를 제공할 수 있기 때문에 공존이 가능해집니다. EM은 미생물의 생태계를 회복시켜 주는 매우

중요한 미생물들이며 동시에 회복된 미생물 생태계 그 자체이기도 합니다. (사)EM환경센타는 이렇게 유용한 미생물군을 민간에 보급하는 단체입니다. 영리를 목적으로 하지 않으므로 EM발효법이나 사용법, EM관련 물품 제조법까지 모두 공개하고 있습니다.

EM은 누가 만들었고 어떻게 전파되었나요?

EM은 일본의 히가 테루오(比嘉照夫)교수가 처음으로 개발해 냈습니다. 그는 미생물이 인간에게 끼치는 거대한 영향력을 깨닫고 환경과 인류에 도움이 되는 유용 미생물만을 추출해 배양하였습니다. 이렇게 탄생한 EM은 오염된 물을 정화하고 농작물을 크고 튼튼하게 키우며 토양오염을 복원하는 등 다양한 분야에서 획기적인 결과를 얻어 냈습니다. 만약 특허를 내고 판매했다면 엄청난 수익을 거두었을 것입니다. 그러나 히가 교수는 배타적으로 특허를 내서 비싸게 팔지 않고 역으로 모두에게 무료로 EM을 제공했습니다. 누구 손에 의해서든 EM이 독점돼서는 안 된다고 힘주어 말하기까지 했습니다. 그는 지구의 오염된 환경과 생태위기를 극복하고 인류에게 생명이 넘치는 토양과 먹을거리를 제공하기 위해 EM은 무료여야 하며, 될 수 있는 한 많은 이들에게 전파되어야 한다고 주장했습니다. (사)EM환경센타에서 EM에 관련된 모든 정보를 공개하고, EM원액을 매우 저렴한 가격에 판매하는 것은 모두 EM을 처음 만든 개발자의 이념을 따르기 위해서입니다.

(사)EM환경센타에서는 어떤 일을 하나요?

(사)EM환경센타에서 가장 먼저 벌인 일은 '친환경 농업교육'이었습니다. 농약에 의한 토양오염은 다른 오염에 비해 정화가 어려우며 오염된 땅에서 농약을 맞고 자란 농작물은 고스란히 우리 몸에 들어오게 됩니다. 본 센타에서는 이러한 농약과 토양오염, 신체 축적이라는 악순환의 고리를 끊기 위해 친환경 농업교육을 꾸준히 실시했습니다. 처음에는

반신반의하던 농가에서도 농작물의 수확이 눈에 띄게 늘어나고 지력(地力)이 상승하는 것을 경험한 후부터는 앞 다투어 EM 활용 농업법에 대한 강의를 들으러 오는 등, 많은 호응을 보여 주었습니다.

EM은 토양 및 수질오염을 정화하는 독특한 능력을 가지고 있습니다. (사)EM환경센타는 이 점에 착안해 환경정화운동 또한 적극적으로 추진하고 있습니다. 생활하수로 인해 더러워진 하천에 EM을 방류해 정화하기도 하고 퇴적물이 많은 개울에 EM으로 만든 흙공을 던져 퇴적물의 분해를 도와 깨끗하게 만드는 등, 전국 곳곳의 수질을 개선하여 생물들이 살기 좋은 환경으로 바꾸어 줍니다. 지난 태안반도 기름유출 사태 때는 EM을 다량으로 살포하며 해양생태계 복원에 앞장서기도 했습니다.

EM을 직접 만드는 데 쌀뜨물을 쓰는 이유는 뭔가요?

EM을 발효시키는 방법은 몇 가지가 있지만, 가장 권유하는 방법은 쌀뜨물로 발효시키는 방법입니다. 쌀뜨물은 예로부터 식기 세척, 식물 재배 등 그 유용성이 알려져 사용되어져 왔으나 지금은 그대로 버려져 생활하수의 주오염원이 되고 있습니다. 하천과 바다의 오염원 가운데 80% 가량이 가정에서 흘려보내는 생활하수이고, 그 중 60%가 쌀뜨물로 알려져 있습니다. 이런 생활하수는 하천, 호수, 해양의 악취, 녹조, 적조의 원인으로 꼽힙니다. 따라서 쌀뜨물을 하수로 흘려보내지 말고 생활 속에서 현명하게 쓰는 방안이 필요합니다. EM을 쌀뜨물로 발효하는 것도 그런 방법의 일환입니다.

생활의 다기능 해결사, EM발효액 만들기

재료 : 쌀뜨물 1.4리터 + 설탕 15g이상 + EM 15㎖이상

1 신선한 쌀뜨물을 페트병에 담고 5센티미터 정도 공간을 남겨 둔다.
2 위의 재료를 배합하여 20도~40도 정도의 따뜻한 곳에서 일주일 동안 밀폐하여 둔다.
3 막걸리 냄새처럼 시큼하고 향긋한 냄새가 나면 완성.
4 개봉하면 될 수 있는 대로 빨리 쓴다. 밀폐하면 장기 보관이 가능하다.

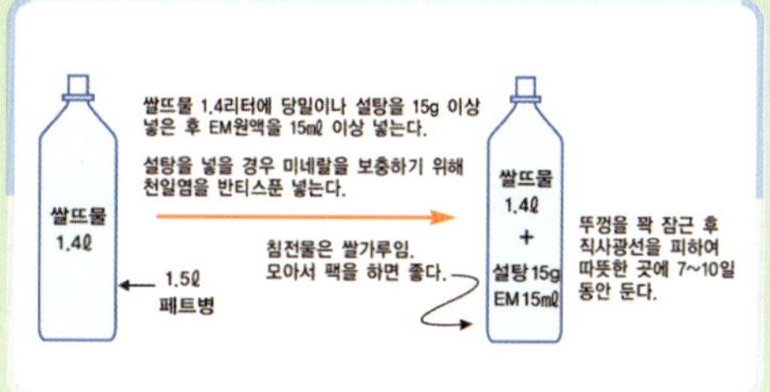

다양한 EM 활용법

식중독 | 100배 희석액을 한 컵씩 3회 정도 마시면 식중동이 가라앉는다.

변비, 설사 | 맥주잔 반컵의 물에 EM 1cc를 혼합하여 아침·저녁 공복에 30일간 마시면 변비가 해결된다. 설사가 심할 때 50배 희석액을 1컵씩 3회 정도 마시면 즉시 멈춘다.

습진 | EM을 환부에 2~3차례 문지르면 확연히 좋아진다. 특히 진물이 나는 습진은 진물을 짜고 상처를 낸 후 2~3회 발라 두면 즉효를 볼 수 있다.

애완용 동물 | 500배 희석액을 주 1회 분무하면 각종 기생충의 서식을 막아준다.

목욕 물 | EM을 1/1,000가량 넣고 24시간이 지나면 EM이 탕 속 오물을 분해하여 깨끗한 상태를 유지할 수 있을 뿐만 아니라 습진, 두드러기에도 상당한 효과가 있다. 목욕물을 구석이나 벽면에 뿌려 주면 곰팡이가 생기지 않으며 타일이 반짝반짝 빛난다.

어항 | EM을 수조량의 1/1,000 정도로 월 2회 부어 주면 물이 깨끗해지고, 산소 공급이 필요 없어지며, 어항 안에 비린내가 없어지고 고기의 활동이 활발해진다.

가습기 | 500배 희석액을 넣고 가습하면 방안의 밴 담배 냄새, 고기 굽는 냄새 등의 생활 악취가 사라진다.

도마 | 목재 또는 플라스틱제 도마에 300배 희석액을 뿌리면 병원균의 서식을 막아 준다.

변기 | 쌀뜨물 배양액을 흘려보내면 요석(노란 때) 생성이 억제되고, 청소가 간편해지며 악취도 없어진다.

부엌 | 500배 희석액을 주 1회 뿌려 주면 여러 가지 음식 냄새를 없앨 수 있다.

세탁 | 세제에 500배 희석액을 섞어 쓰면 평소 사용량의 절반만 써도 때가 잘 빠진다. EM은 세제를 분해하고 하천 수질을 정화시키며, 정전기, 전자파 등의 유해작용을 막는다.

옷장 | 500배 희석액을 뿌리면 좀을 예방하고 옷의 산화를 방지한다.

하수구, 쓰레기통 | 300배 희석액을 틈틈이 분무해 두면 2~3일 안으로 해충의 접근이 없어질 뿐더러 곰팡이도 없어지며, 악취가 사라진다.

EM환경센타 홈페이지 : http://www.emcenter.or.kr **대표전화** : 064-739-0892
인터넷 주문 : 홈페이지(http://emlife.co.kr)를 통해 쉽게 EM원액, EM비누 등의 물품을 구매할 수 있습니다.

트랜스지방 걱정 없는 올리브오일 건강 간식

케이크나 쿠키를 만들 때 대부분 버터를 녹여서 사용하지만
올리브오일로 대체하여 넣으면 담백한 맛의 케이크나 쿠키를 구울 수 있다.
콜레스테롤 걱정할 필요 없고
트랜스지방의 위험으로부터 벗어난 건강 간식을 만들어 보자.

요구르트케이크

요구르트는 우유에 함유된 영양소 외에 우유가 발효하며 생성된 유산균의 효소와 비타민 등을 함께 얻을 수 있는 알칼리성 영양식품이다. 발육을 촉진하고 조혈작용을 하는 비타민 B군의 생성도 돕는다.

1 밀가루, 베이킹파우더를 고루 섞어 체에 두세 번 내린다.
2 달걀을 깨뜨려 볼에 담고 설탕을 조금씩 넣고 저어 설탕을 완전히 녹인다.
3 설탕이 녹으면 올리브오일을 넣고 섞은 뒤 밀가루를 넣어 고루 섞는다.
4 3에 요구르트를 섞는다.
5 케이크 틀에 반죽을 붓고 180도로 예열된 오븐에서 50분 정도 굽는다.

밀가루 선택이 중요

부드럽고 폭신한 케이크의 질감을 원한다면 글루텐 함량이 적은 박력분을 사용한다. 우리밀을 사용할 땐 백밀가루를 쓰면 된다. 또 공기층을 많이 함유해야 폭신한 질감이 나오므로 체에 여러 번 내려 밀가루 사이사이에 공기층이 충분히 형성되게 한다.

1 밀가루와 베이킹파우더, 베이킹소다, 계피가루를 고루 섞어 체에 두세 번 내린다.

2 올리브오일에 설탕과 소금을 넣고 고루 저어 녹인 후 달걀을 깨뜨려 윤기를 준다.

3 단호박은 과육만 굵게 다지고 건포도는 잘 씻어 체에 받쳐 부드럽게 불린다.

4 2에 1의 가루를 넣고 단호박과 건포도, 땅콩을 고루 섞는다.

5 케이크 틀에 반죽을 붓고 180도로 예열한 오븐에서 35분 정도 구워낸다.

재료

박력분 밀가루	1과 1/2컵
베이킹파우더	1작은술
베이킹소다	1/4작은술
계피가루	2작은술
엑스트라 버진 올리브오일	2/3컵
유기농 설탕	3/4컵
소금	1작은술
달걀	2개
단호박	1/4개
건포도	1/2컵
다진 땅콩	1/2컵

다양하게 만드는 과일, 채소 케이크

사과나 당근, 고구마 등 단단하고 단맛이 있는 채소, 과일은 모두 응용이 가능하다. 가늘게 채를 썰거나 씹히는 질감이 있도록 모양을 살려 잘라 넣어도 좋다. 계피는 취향에 따라 가감한다.

단호박케이크

단호박은 특유의 단맛으로 제과 제빵에 자주 사용되는 재료이다. 레시틴이 들어 있어 뇌 성장 발달에
도움을 주고 카로틴이 풍부하여 면역력을 기르며 피부 건강과 시력을 좋게 한다.

두부머핀

두부는 콩의 영양이 그대로 살아있는 데다 단백질을 콩보다 효율적으로 섭취할 수 있는 식재료다.
부드러운 풍미가 있어 수분을 적당히 제거하면 다른 재료와 잘 섞여 요리에 두루 사용할 수 있다.

재료

1 두부는 체에 곱게 으깨어 수분을 제거한다.

2 밀가루와 베이킹파우더는 체에 두세 번 내린다.

3 볼에 올리브오일과 설탕을 담고 설탕이 녹도록 젓는다.

4 설탕이 녹으면 달걀을 넣고 윤기가 나게 젓는다.

5 1에 달걀물과 체 친 가루를 섞는다.

6 우유로 농도를 맞춘 후 베이킹 컵에 반죽을 넣고 흑임자를 뿌려 180도로
  예열한 오븐에 25분 정도 굽는다.

두부는 보송보송하게 짜서

두부는 물기를 제거하고 보송보송한 상태로 넣어야 가루 재료와 잘 섞인다.
물기 많은 두부를 넣으면 반죽이 질어지고 힘이 없어 잘 부풀어 오르지 않는
다. 오븐에서 굽지 않고 김이 오른 찜통에 20분 정도 쪄 내도 좋다.

1 볼에 밀가루, 이스트, 소금을 넣고 고루 섞은 후 미지근한 물을 부어 한 덩어리가 되게 반죽한다.

2 덩어리로 뭉쳐지면 올리브오일을 넣고 글루텐이 형성되도록 힘껏 치댄 후 40분 정도 1차 발효시킨다.

3 양파는 곱게 채 썰고 블랙올리브와 방울토마토는 모양을 살려 얇게 썬다.

4 1차 발효가 끝난 반죽을 이등분한 후 밀대로 타원형으로 밀어 30분 정도 2차 발효시킨다.

5 반죽을 손가락으로 꾹꾹 누른 후 올리브오일과 양파, 치즈를 전체적으로 뿌리고 손가락 자국이 난 곳에 블랙올리브와 방울토마토, 로즈마리를 올린다.

6 200도로 예열한 오븐에서 25분 정도 굽는다.

포카치아를 구울 때는

토핑을 올리기 전 손가락으로 충분히 꾹꾹 눌러야 빵이 지나치게 부풀어 오르지 않고 전체적으로 고른 기공이 생긴다. 토핑을 올린 후에는 고온의 오븐에서 바로 굽는 것이 좋은데 가정용 오븐에서는 굽는 온도보다 30도 정도 높게 예열해 두었다가 문을 닫고 온도를 맞추어 구우면 오븐을 여닫느라 빼앗긴 열을 보충할 수 있다. 포카치아에 들어갈 채소는 취향에 따라 다양하게 응용할 수 있다.

재료

강력분 밀가루 ·················2컵
인스턴트 드라이이스트 ·····1작은술
소금 ····················1작은술
미지근한 물 ················3/4컵
엑스트라 버진 올리브오일 ····1큰술

토핑재료

엑스트라 버진 올리브오일 ··3큰술
모차렐라 치즈 ···········1/2컵
양파 ··················1/2개
블랙올리브 ··············10개
방울토마토 ··············10개
로즈마리 ················약간

치즈포카치아

포카치아는 밀가루에 허브, 소금, 올리브오일 등을 넣고 만든 이태리식 빵으로
맛이 담백하여 육류와 해산물, 채소와 곁들여 먹기에 좋고 전채 요리나 간식으로 활용하기도 좋다.

검은콩찐빵

검은콩은 해독 작용을 원활히 하여 체내 노폐물과 독소를 배출시키고 신장의 작용을 촉진하여 신진대사를 원활하게 한다. 시력에 좋은 안토시아닌 성분이 일반 콩보다 네 배 정도 많다.

재료

검은콩 ····················1/4컵
우리밀 밀가루 ···············2컵
베이킹파우더 ···········1큰술
달걀 ·······················3개
유기농 설탕 ··············1/2컵
우유 ······················1컵
엑스트라 버진 올리브오일 ···1/3컵

검은콩 조림 물

물 ·······················1컵
설탕 ···················1큰술
소금 ····················약간

1 검은콩은 잘 씻어 불린 후 분량의 조림 물을 넣고 부드럽게 조린다.

2 밀가루와 베이킹파우더는 체에 두세 번 내려 준비한다.

3 볼에 달걀을 넣고 잘 풀어 준 후 설탕을 넣고 거품을 올린다.

4 3에 우유와 올리브오일을 넣고 잘 섞는다.

5 4에 2의 밀가루를 넣고 가볍게 섞어 준 후 검은콩을 넣는다.

6 기름칠한 찜기에 반죽을 넣고 찜통에 15분 정도 찐다.

 **검은콩은 미리 부드럽게 조려서**

검은콩은 익는 시간이 오래 걸리므로 미리 부드럽게 조려야 찐빵의 부드러운 질감과 잘 어울린다. 콩을 조리지 않고 그냥 넣으면 콩이 빵의 단맛을 흡수하여 빵이 싱거워진다.

두가지색깨과자

깨는 불포화지방산과 비타민E가 풍부하여 콜레스테롤 수치를 낮추고 신체저항력을 길러 준다.
두뇌 건강에도 도움을 주어 기억력과 집중력을 좋게 하고 뼈와 근육을 단단하게도 한다.

재료

엑스트라 버진 올리브오일 ···3큰술
유기농 설탕 ··············3큰술
소금 ·················약간
박력분 밀가루 ············1컵
흰깨 ················1큰술
검은깨 ···············1큰술
물 ·················5큰술

1 올리브오일에 설탕, 소금을 넣고 고루 저어 녹인다.

2 밀가루는 체에 두세 번 내린 후 흰깨와 검은깨를 섞는다.

3 2에 물을 붓고 고루 치댄 후 반죽 덩어리가 뭉쳐지면 1의 올리브오일을 넣
  는다.

4 반죽을 냉장고에 넣고 1시간 정도 숙성시킨다.

5 도마에 놓고 방망이로 얇게 밀어 모양 틀로 찍은 후 두꺼운 팬에서 기름 없
  이 약한 불로 노릇하게 구워 낸다.

쉽게 만들 수 있는 깨과자

오븐을 사용할 경우에는 160도의 오븐에 15분 정도 굽는다. 조금 더 부드러운 느낌이 좋다면 베이킹파우더를 1작은술 정
도 섞으면 된다. 반죽을 지나치게 치대면 글루텐이 형성되어 과자가 딱딱해지니 잘 섞이도록만 반죽한다.

잡곡쿠키

도정이 잘된 백밀가루로 빵이나 쿠키를 만들면 맛은 부드럽지만 각종 영양소가 깎여 나간 것이라 영양
면에서는 좋지 않다. 도정을 덜한 잡곡은 영양소가 살아있고 효소의 작용도 활발히 일어나
신진대사를 원활하게 하고 비만도 예방할 수 있다. 입에는 조금 껄끄럽지만
잡곡이 많이 들어간 빵과 쿠키의 구수한 맛을 즐겨 보자.

재료

현미가루	1/2컵	물	6큰술
멥쌀가루	1/2컵	건포도	5큰술
콩가루	1/4컵	엑스트라 버진 올리브오일	3큰술
땅콩가루	1/4컵	소금	약간

1 가루 재료들과 소금을 고루 섞어 체에 내린 후 물을 넣고 고루 섞는다.

2 건포도는 체에 밭쳐 씻은 후 부드럽게 불려 굵직하게 다진다.

3 재료들이 대충 섞이면 올리브오일을 넣고 손바닥으로 포개듯이 서너 번 접는다.

4 반죽에 불린 건포도를 섞고 동그랗게 모양을 잡는다.

5 180도로 예열한 오븐에서 15분 정도 굽는다.

거친 듯 담백한 잡곡쿠키

밀가루와 설탕이 들어가지 않아 반죽이 조금 거친 느낌이 든다. 반죽이 뻣뻣하다고 지나치게 주무르면 쿠키가 질겨지므로 손바닥으로 접듯이 포개 가며 반죽하는 것이 좋다. 단맛이 부족하다면 건포도를 좀 더 다져 넣거나 설탕을 약간 첨가한다.

1 샌드위치용 식빵은 껍질을 떼어 내고 4등분하여 살짝 말린다.

2 파머산 치즈가루에 파슬리가루를 고루 섞는다.

3 식빵에 올리브오일을 가볍게 적신다.

4 3의 식빵에 파머산 치즈가루를 골고루 묻혀 200도로 예열한 오븐에
5~10분 정도 노릇하게 굽는다.

갓 구운 식빵 대신 조금 마른 식빵으로

식빵이 젖어 있으면 올리브오일을 너무 많이 흡수하여 느끼해지므로 겉면만
마를 정도로 살짝 말리는 것이 좋다. 하루 정도 지난 식빵을 사용해도 좋다.

재료

샌드위치용 식빵	6장
파머산 치즈가루	1컵
파슬리가루	약간
엑스트라 버진 올리브오일	1/3컵

파머산 스틱

파머산 치즈의 원래 이름은 파르미지아노 레지아노로 이탈리아 북부의 파르마 지방에서 만들었다는
뜻이다. 수년간 단단하게 숙성시켜 짠맛과 단맛, 구수한 맛이 풍부하게 느껴진다. 치즈 강판에 갈아서
음식에 뿌려 먹는데 흔히 보는 인스턴트 치즈가루는 주로 미국에서 만든 유사 치즈에 첨가물을 섞은
가공품이다.

현미누룽지과자

현미에는 탄수화물뿐 아니라 단백질, 미네랄, 아미노산, 칼슘, 비타민 등 각종 영양소가 풍부하고
식이섬유의 양도 백미보다 많다. 조금만 먹어도 포만감이 느껴지므로 다이어트식으로 좋다.
껍질에 농약 성분이 잔류할 수 있으니 친환경 현미를 이용한다.

재료

엑스트라 버진 올리브오일 …2큰술
현미밥 ······················1공기
유기농 설탕이나 소금 ········약간

1 바닥이 두꺼운 팬에 올리브오일을 살짝 두르고 현미밥을 얇게 깐다.

2 약한 불로 바닥면이 일어날 때까지 충분히 굽는다.

3 바닥면이 일어나면 뒤집어서 노릇하게 구워 낸다.

4 따뜻할 때 설탕이나 소금을 뿌린 후 먹기 좋은 크기로 자른다.

누룽지 예쁘게 만들려면

현미밥을 얇게 깔아야 고소한 누룽지가 만들어지는데 주걱에 찬물을 묻혀 가
며 살살 누르면 팬 전체에 고르게 밥이 깔린다. 미리 뒤집으면 누룽지 모양이
망가질 수 있는데 가장자리를 살짝 들어 보았을 때 가볍게 들리면 바삭하게
구워졌다는 신호이다.

재료

고구마	1/2개
단호박	1/4개
우엉	1/2대
당근	1/2개
엑스트라 버진 올리브오일	2큰술
소금	약간

1 채소는 잘 씻어 채칼로 3밀리미터 두께로 썬다.

2 오븐 팬에 채소를 펼쳐 놓고 올리브오일을 고루 바른다.

3 180도로 예열한 오븐에 넣고 15분 정도 구워 낸다.

4 뜨거울 때 소금을 살살 뿌린다.

칩을 튀기려면 저온에서

좀 더 바삭한 맛을 원한다면 130도나 150도 정도로 달군 올리브오일에 채소를 넣고 천천히 튀겨 내면 되는데 올리브오일의 사용량이 많아지고 칼로리도 높아지는 단점이 있다. 소금은 오븐 팬에서 꺼내자마자 뿌려야 잘 달라붙는다.

채소칩

바삭한 감자칩이나 고구마칩은 누구나 좋아하는 간식거리지만
탄수화물 식품을 고온에서 기름에 튀겨 내면 아크릴아미드라는 발암물질이 생길 수 있다.
올리브오일을 사용해 오븐에 살짝 구운 채소칩은 안전한 홈메이드 간식거리가 된다.

믿고 살 수 있는 친환경 매장

현재 국내 친환경 농산물의 인증은 국립농산물품질관리원에서 '저농약', '무농약', '전환기', '유기농' 네 종류로 구분하여 시행하고 있다. 저농약이란 유기합성농약과 화학비료는 기준 사용량의 2분의 1을 사용하되 제초제는 전혀 사용하지 않고 재배한 것을 말하며, 무농약이란 화학비료는 기준량의 3분의 1을 사용하되 유기합성농약과 제초제를 사용하지 않고 재배한 것을 말한다. 전환기란 무농약 재배를 시작한 후 유기농 인증을 받기 전까지 이행 기간 중 재배한 것을 말하고, 유기농이란 일정 기간 화학비료와 유기합성농약을 사용하지 않고 재배한 것으로 식품첨가물을 넣지 않고 유전자조작 식품이 아닌 것을 말한다. 이러한 상품을 파는 친환경 매장으로는 어떤 곳이 있는지 정리해 보았다.

● 생활협동조합

소비자가 조합원으로 가입하여 함께 운영하는 형태로 일정 출자금과 조합비를 납부해야 이용할 수 있다. 대부분 인터넷으로 주문할 수 있고 일주일에 1회 배송되므로 홈페이지를 참고한다. 곡물, 채소, 과일, 축산물, 장·양념 반찬 등의 기본 품목은 모든 생협이 비슷하지만 가공식품이나 생활용품 등은 생협마다 조금씩 다르다.

한살림
02-3498-3600 www.hansalim.or.kr

한살림은 한 집에서 살림하듯 더불어 살자는 뜻. 가입비 3천 원과 출자금 3만 원을 내고 조합원으로 가입하면 제품을 구입할 수 있다. 100퍼센트 국내산을 판매하는 것을 원칙으로 한다. 생명, 생태, 공동체를 기치로 한살림 운동을 전개한다.

- **매장** 서울·경기11곳, 기타 지역 14곳
- **방법** 지역생협 조합원으로 가입한 뒤 출자금과 가입비 납부(지역마다 회원 가입 절차가 약간씩 다름)
- **배송** 지역매장별 주 1회 공급(주문 마감일 제도)
- **품목** 기본 품목 + 두부·어묵·묵 / 수산·건어물 / 떡·빵·잼 / 면·만두·피자 / 건강식품·꿀 / 차·음료·유제품 / 과자·빙과 / 화장품 / 생활용품

아이쿱생협(구. 한국생협연대)
1577-0178 www.icoop.or.kr

지역주민운동으로 출발한 부평생협을 모태로 1997년 경인지역생협연대를 출범한 뒤 현재 한국생협연구소를 비롯해 지역생협활동을 지원하기 위한 생협연합회와 유기농 도매시장을 운영한다.

- **매장** 매장 서울 8곳, 경기 16곳, 기타 지역 41곳
- **방법** 지역생협 조합원으로 가입한 뒤 출자금과 조합비 납부(지역마다 조합비와 가입 절차가 약간씩 다름)
- **배송** 날마다 오후 11시 주문 마감 뒤 3일 내 배송
- **품목** 기본 품목 + 신선 가공식품 + 차·음료 / 수산물 / 건재 / 간식거리 / 건강식품 / 면·만두 / 친환경생활용품

두레생협연합회

02-3283-7290 www.dure.coop

'생협수도권연합회'를 모태로 출발. 2004년 '지역생명운동'이라는 새로운 정체성을 확립하고 '두레생협'으로 개칭했다. 생산이력시스템을 갖추고 있어 각 상품의 생산지, 생산자, 생산과정을 확인할 수 있다.

- **매장** 서울 12곳, 경기 29곳
- **방법** 지역생협에 가입한 뒤 출자금과 가입비 납부
- **배송** 지역 매장별 주 1회 공급(주문 마감일 제도)
- **품목** 기본 품목 + 가공식품 / 일일식품 / 차 · 음료 / 건강식품 / 생활용품 / 여름 기획 / 수산 · 건어물

정농생협

02-404-6247 www.jungnong.com

농민들의 모임인 정농회가 기반이 되어 운영되는 생활협동조합. 우리나라 조직적 유기농법 실천의 첫 출발점. 기존 4단계 인증을 넘어 물품에 따라 6~8단계로 기준 설정(비닐 멀칭, 퇴비의 질, 질산염, 종자, 경력 등을 종합적으로 고려).

- **매장** 매장 서울 5곳
- **방법** 조합원으로 가입한 뒤 출자금과 가입비 납부(기본 교육 이수해야 함)
- **배송** 주 3회 공급(주문 마감일 제도)
- **품목** 기본 품목 + 두부 · 어묵 / 면 · 간식 / 가루음식 · 떡국 / 차 · 음료 / 건강보조식품 / 생활용품 / 화장품 / 천연염색 / 수산 / 건어물

콩세알을 심는 농부(풀무생협)

070-7764-9283 www.kongseal.com

6백여 명의 친환경 생산자가 주축이 되어 만든 온라인 유기농 유통매장. 오프라인 매장은 없다. 일반회원으로 가입한 뒤 이용할 수 있다. 생산지가 홍성군 홍동면 일대에 밀집되어 있다.

- **매장** 없음
- **방법** 일반회원으로 가입한 뒤 이용 가능
- **배송** 당일 오후 10시까지 입금 확인 뒤 2일 내 배송
- **품목** 기본 품목 + 가루식품 / 간식 · 면 / 차 · 음료 / 건강식품 / 환경생활용품

여성민우회생협

02-581-1675 www.minwoocoop.or.kr

한국여성민우회가 주체로 농업 · 환경 · 지역 살리기 활동을 펼쳐 왔다. 지역주민과 조합원을 대상으로 환경, 친환경 소비, 식품안전, 요리, 건강 등 강좌와 생산지 견학 및 요리, 노래, 책읽기, 영화, 생태목공 등 소모임, 생산자 1일 점장제, 여성생산자, 소비자 교류회 등을 운영한다.

- **매장** 서울 · 경기 12곳, 기타 지역 1곳
- **방법** 조합원으로 가입한 후 출자금과 가입비 납부
- **배송** 주 1회 공급(주문 마감일 제도)
- **품목** 기본 품목 + 우리밀제품 / 건강식품 / 환경생활용품 / 수산 · 건어물 / 차 · 음료

인드라망생협

02-576-1882 www.budcoop.com

도농 공동체운동을 통한 도시와 농촌의 친환경농산물 직거래를 구상하고 불교귀농학교를 수료한 동문들이 전국 각지에서 생산한 생산물을 공급한다.

- **매장** 전국 사찰 4곳
- **방법** 조합원으로 가입한 뒤 출자금과 가입비 납부
- **배송** 월요일 주문 마감 / 매주 목요일 발송
- **품목** 기본 품목 + 일일식품 / 간식 / 친환경생활용품 / 수산물 / 우리밀제품 / 건강식품

예장생협

02) 426-5801, 5803~4 www.yj-coop.or.kr

농촌과 도시, 자연과 인간이 함께 더불어 살아가는 건강한 세상을 이루기 위해 도시와 농촌의 크리스찬들이 손을 잡고 만든 생명공동체이다. 생활재를 받기 3일 전 오후 6시까지 인터넷이나 전화로 주문하면, 지역별로 편성된 공급요일에 배송된다.

- **매장** 없음
- **방법** 조합원으로 가입한 뒤 출자금 납부
- **배송** 주 1회 공급(서울 및 수도권), 지방은 택배
- **품목** 기본 품목 + 신선식품 / 일반 가공품 / 수산물생선류 / 생활용품 / 여름생활재 / 선물용생활재 / 급식용

생활협동조합과는 조금 다르지만 다양한 친환경 상품을 많은 지역 매장에서 만날 수 있다.
여러 가지 참여활동을 통해서 소비자가 쉽게 유기농을 접할 수 있다.

무공이네
02-441-8266 www.mugonghae.com

친환경 유기농 식품을 비롯한 친환경 생활용품을 유통하는 곳으로 단순한 상품 유통뿐만 아니라 바른 생활문화를 만들어가는 곳이다.

- **매장** 전국 직영점 20여 곳 / 가맹점 11곳 / 농협 아침마루 입점
- **방법** 일반회원 / 로하스 회원(가입비와 월회비 납부 시 할인율 적용)
- **배송** 서울·경기 일부는 당일 배송 / 그 외는 익일 배송
- **품목** 기본 품목 + 간식·면 / 건강식품 / 차·음료 / 생활잡화 / 여성 / 문구·완구

초록마을
080-023-0023 www.hanifood.co.kr

초록마을 인터넷 사이트와 전국 2백여 초록마을 매장을 통해 국내에서 생산되는 친환경 유기농 식품 및 환경생활용품, 주류 등을 판매한다.

- **매장** 서울 46곳, 경기 50곳, 기타 직영점 111곳 / 가맹점 500여 곳
- **방법** 일반회원으로 가입한 뒤 구매가능
- **배송** 일반물품은 주문 뒤 익일 배송, 저온물품은 주문 이틀 뒤 배송
- **품목** 기본 품목 + 건강식품 / 간식·면 / 차·음료 / 생활용품 / 수산·건어물

유기농 녹색가게 신시
1644-6279 www.shinsi.com

(주)녹색세상의 유기농 유통 사업기구. 신시 매장을 시작으로 생태마을, 녹색문화사업, 출판문화사업 등을 운영하고 있다. 생산지 탐방 프로그램, 생태, 건강, 육아, 교육 등 다양한 분야의 정보 수록. 해외 유기농도 취급한다.

- **매장** 서울·경기 35곳, 기타 지역 80곳
- **방법** 일반회원으로 가입한 뒤 이용 가능
- **배송** 주 3회 공급(주문 마감일 제도) / 서울·경기 지역은 당일 배송
- **품목** 기본 품목 + 우리밀제품 / 간식 / 차·음료 / 건강식품 / 생활용품 / 수산·건어물

올가
080-596-0086 www.orga.co.kr

ORGANIC의 앞 네 글자를 줄인 '올가' 는 풀무원에서 운영한다. 순수 한우, 아토피 전용 식품, 친환경 소재 생활용품 취급. 백화점과 대형할인마트 내 매장 운영, 체험상품, 산지체험 프로그램 운영, 매월 총매출액의 0.1퍼센트를 지구사랑기금으로 기부한다.

- **매장** 서울·경기 직영점 9곳, 전국 입점 매장 26곳(롯데백화점 등)
- **방법** 일반회원으로 가입한 후 구매 가능
- **배송** 서울·경기 지역 당일 배송 / 그 외 익일 배송
- **품목** 기본 품목 + 차·음료 / 건강식품 / 간식·면 / 생활용품 / 수산·건어물

유기농 미생채
02-3667-3691~3 www.misaengchae.com
www.healgreen.com

(주)GMF에서 운영하는 친환경 농산물 전문 유통점. 농민과 1천 여 명의 약사들이 참여. 뉴질랜드의 유기농 전문기업인 허클베리팜스&힐그린 또한 미생채가 운영한다. 아토피 등 건강제품에 강하다.

- **매장** 미생체-전국 19곳, 힐그린-전국 7곳
- **방법** 일반회원으로 가입한 후 구매 가능
- **배송** 전일 오후 5시 30분까지 주문 뒤 익일 배송
- **품목** 기본 품목 + 화장품·바디용품 / 허브·아로마 / 아토피 / 유기농의류

한마음 유기농 쇼핑몰

0505-625-6245 www.yuginong.co.kr

호남 최초의 유기농업 단체인 한마음공동체가 주최. 한마음자연학교, 생태유치원, 장성여성농업센터 등도 운영한다. 지역생산자 조직 및 공동체 물류센터를 갖추고 있다.

- **매장** 매장 전국 56곳
- **방법** 일반회원으로 가입한 뒤 구매 가능
- **배송** 입금 확인 뒤 당일 배송
- **품목** 기본 품목 + 음료 · 차 / 환경생활용품 / 자연요법용품 / 건강식품 / 간식 · 면 / 수산 · 건어물

유기농 스토리

02-3426-6204 www.organic-story.com

국내 최초의 유기농 수입식품 전문점. IFOAM 소속체의 국제 유기농 인증을 받은 제품을 취급한다. 산모 회원 가입시 5퍼센트 할인제를 실시한다.

- **매장** 전국 백화점 수입식품 코너 및 유기농식품 코너(현대, 신세계, 롯데 등)
- **방법** 인터넷은 일반회원 및 비회원 구매 가능
- **배송** 입금 확인 뒤 익일 배송
- **품목** 해외 유기농 가공식품 조미료 · 소스 / 면류 / 음료수 / 건과 · 무슬리 등

● 유기농 직거래

생산자가 직접 운영하는 친환경 쇼핑몰 모음

팔당생명살림 팔당올가닉후드

031-576-1771 www.paldangfood.com

유기가공식품회사, 유기농업농가, 소비자, 한국여성민우회생협, 와부농협 등이 공동으로 출자하여 설립. 팔당의 영농조합 농민들이 만들어 믿을 수 있고, 서울에서 가까운 팔당의 유기농산물을 직접 팔당공장에서 가공한다. 빵, 쿠키, 케이크, 잼, 반찬, 효소가 주요 제품.

아미마운트

063-652-0453 www.amimount.com

산지에서 농부가 직접 보내기 때문에 신선하고 안전하다. 과일, 채소, 곡물, 기타 건강식품들을 판매하고 농촌관광 및 체험활동도 신청할 수 있다.

아피스

031-460-8888 www.affis.net

농림수산식품부 산하기관인 한국농림수산부의 주관으로 이루어진 농민 직거래 온라인 장터. 농산물 임산물, 축산물, 전통가공식품 등을 판매하며 식재료와 관련된 다양한 정보를 알 수 있다. 회원 가입 후 물건을 구입할 수 있으며 배송비는 무료다.

영양장터

054-683-0689 www.yygmarket.com

경상북도 영양군에서 생산한 제품을 생산지 가격 그대로 구입할 수 있는 곳. 고추, 야콘, 기타 농산물을 생산 · 판매한다. 농촌체험 프로그램 진행.

한농유기농마을

033-333-3999 www.hannongfarm.co.kr

지구환경회복운동 돌나라 한농복구회 산하 국내 10개 지부 가운데 하나이다. 농산물과 자연방사유정란을 생산 · 공급. 야콘즙, 솔환, 케일분말 등 농가공식품과 숯을 이용한 건강용품도 판매한다.

두물머리농장 대지향

054-843-0501 http://www.dumul.com

두물머리농장에서 직접 재배한 유기농산물을 주원료로 야채효소 '대지향' 을 생산한다. 탄산음료와 수입 오렌지 주스에 맞서 우리의 유기농 음료를 모두가 저렴하게 마실 수 있다. 딸기따기 체험 행사를 매년 실시한다.

지방은 덜고 면역력 높이는
올리브오일 자연상차림 40가지

펴낸날 초판 1쇄 2009년 12월 25일

지은이 김영빈
펴낸이 심만수
펴낸곳 (주)살림출판사
출판등록 1989년 11월 1일 제9-210호

경기도 파주시 교하읍 문발리 파주출판도시 522-1
전화 031) 955-1350   팩스 031) 955-1355
기획·편집 031) 955-4679
http://www.sallimbooks.com
lohas@sallimbooks.com

ISBN 978-89-522-1311-2 13590

* 값은 뒤표지에 있습니다.
* 잘못 만들어진 책은 구입하신 서점에서 바꾸어 드립니다.

책임편집 허슬기

지중해의 자연이 담긴 건강한 한 방울, 올리브오일!

한 스푼 뜨면 풋풋한 풀 향기가 은은하게 퍼지는 올리브오일은
'좋은 지방' 이라 불리는 불포화지방산의 함유량이 많고
소화 흡수율이 높아 건강한 기름으로 각광받고 있습니다.
또 콜레스테롤 수치를 떨어뜨리는 효능이 있어 다이어트 중인 사람들에게도 효과적이지요.
한식과 양식에 두루 어울리는 올리브오일의 다양한 변주를 즐기면서
입맛도 살리고 건강도 챙기시기 바랍니다.
– 맑은샘한의원 김봉찬 원장